아이가
버거운 엄마
엄마가
필요한 아이

아이가 버거운 엄마

아이에게 화내기 전 보는 책

엄마가 필요한 아이

서안정 지음

한국경제신문

육아가 버거운 이유는 따로 있다

어느덧 막내 아이도 스무 살이 넘었다. 감사하게도 막내 아이 역시 남들 보기에 좋은 대학에 진학하면서 "그 집 아이들은 어쩜 그렇게 잘 컸느냐"는 말을 또 한 번 들었다. 그런 말을 들을 때면 한 번씩 멈 춰 서서 그 이유를 곰곰이 생각해보곤 한다.

돌이켜 보면 나의 육아는 크게 두 시기로 나뉜다. 첫 번째는 아이 의 지성과 감성을 잘 키워주고 싶어서 부단히도 노력했던 아이가 태 어나고부터 약 10년간의 세월이다. 이 시간의 힘으로 세 아이는 모 두 사교육 없이 교육청 영재원에 합격했고, 영재원에서도 우수 아동 으로 선정될 만큼 학습적으로나 창의적으로 돋보였다. 또한 감성적 인 면뿐 아니라 인성적인 면에서도 타의 모범이 된다는 말을 자주 들었다. 많은 사람들이 그 비결을 궁금해했고 좋은 기회가 닿아 이 시기의 육아 노하우를 담은 몇 권의 자녀교육서를 쓰게 되었다.

두 번째는 그렇게 잘 자라는 것 같았던 아이들에게서 어느 순간 하나둘 문제가 보이기 시작하던 시기다. 이때 나는 아이들보다 내 마음을 들여다보는 작업을 통해 다시금 아이들을 바라보는 시간을 가졌다. 즉 내 안에서 아직 다 성장하지 못한 채 웅크리고 있던 '내면아이'를 발견하고 돌아보면서 그토록 이해되지 않았던 아이들의 모습이 모두 과거의 내 상처 때문임을 알게 되었다.

아이를 양육하는 일은 시간을 되돌릴 수 없는 일이기에 정말 많은 책을 참고하면서 최선을 다해 열심히 키우고자 노력했다. 하지만 세 아이는 10대 시절을 지나면서 나로선 좀체 이해되지 않는 행동들을 보였다. 적당히 하면 좋으련만 친구가 자신의 인생을 책임져 줄 것도 아닌데 만날 친구 문제로 고민을 하거나 한창 공부할 시기에 공부는 뒷전에 두고 돈을 벌겠다며 각종 공모전 준비에 정신을 쏟았다. 친구들과 사이가 좋았음에도 불구하고 자신을 싫어하는 한 아이 때문에 자신의 모든 에너지를 낭비했고, 지금은 돈을 벌 나이가 아니라 미래를 위해 학업에 매진해야 할 시기라고 알아듣게 얘기해도 내 말이 먹혀들지 않았다.

하지만 나를 들여다보는 시간을 통해 아이는 부모의 말이 아닌 부모의 뒷모습을 보고 자란다는 것을 뼈저리게 알게 되었다. 부모가 의식적으로 들려주는 조언과 훈계가 아니라 부모의 말 아래에 숨겨진 '무의식'을 흡수하며 성장한다는 것을 깨닫게 된 것이다.

살면서 종종 누군가를 향해 '쟤, 왜 저래?' 하고 고개를 내저은 적이 있을 것이다. 상식적으로 이해할 수 없는 말과 행동을 하는 사람들, 그들에겐 분명 상처가 있다. 물론 우리의 상처는 우리에게 주어지는 선물이기도 하다. 나의 상처가 지금의 나를 키운 것처럼 말이다.

하지만 상처로 포장된 선물을 받기까지는 고통과 수고의 향이 가득 밴 포장지를 힘들게 벗겨내는 작업을 거쳐야 한다. 허름한 꾸러미 안에서 악취를 풍기며 봉해져 있기에 포장지를 벗기려고 시도하기보다는 없는 듯 외면해버리고 싶은 마음이 자꾸만 올라온다. 그럼에도 막막한 현실에 포장지를 벗겨 선물을 열어보겠다고 결심하지만 러시아 인형 마트료시카처럼 꺼내고 꺼내어도 선물은 나오지 않고 허무와 절망만 계속해서 나오는 듯한 느낌이 들 수 있다. 하지만 멈추지 않고 포장지를 벗겨내다 보면 그제야 상처는 진정한 축복이자 온전한 선물이 되어 내게 웃는 얼굴을 보여준다.

세상에 상처 없는 사람은 아무도 없다. 우리 모두 살아오는 동안 크고 작은 상처를 받으며 성장해왔고 또 살아가고 있다. 시쳇말로 누구나 가슴에 사연 하나씩은 다 품고 있지 않은가. 거리에 스치듯 지나가는 사람들, 놀이공원으로 놀러 나온 사람들, 식당에서 맛있는 음식을 먹는 사람들, 여행지에서 만난 사람들… 다들 겉으로 볼 때는 반듯하고 예쁘게, 또 멋지게 사는 듯 보이지만 보이는 것만이 절대 전부는 아니다. 그런 의미에서 우리는 모두 평범한 보통 사람들이다. 하지만 보통 사람들이라고 해서, 남들도 다 그렇게 산다고 해서 사는 게 다 그런 것이라며 살아가기에는 우리도 모르는 상처가 내 소중한 사람들을 아프게 한다. 나조차 그 이유를 모른 채 아이의 행동에 신경이 건드려지고, 화를 내고, 아이의 행동을 어떻게든 고치고 싶은 것은 우리 안에 깊은 상처가 있다는 뜻이다. 그 상처가 나의 눈과 귀를 가려서 나도 모르는 사이에 소중한 사람을 비난하고 협박하며 상처를 대물림한다. 이러한 현실을 '평범'과 '보통'이라는 이름으로 덮어둔다면 상처는 더욱 깊어지고 가슴 아픈 상황이 반복되지 않을까.

아이 때문에 속이 터질 것 같아요

강연이 끝났는데 강연장을 나가지 않고 나를 기다리는 분이 계셨다. 아마도 궁금한 것이 있는 모양이었다.

"저… 뭐 하나만 질문해도 되나요?"

"그럼요, 무엇이든 물어보세요."

"두 시간 동안 쉬지도 않고 강의해주셨는데 힘드실까봐 나중에 작가님 책을 찾아서 읽어보려고 했어요. 그런데 혹시나 책에 없을까봐요. 자녀들의 영어교육은 어떻게 하셨어요?"

"아이가 몇 살이에요?"

"올해 열 살, 초등학교 3학년이에요. 주변에선 다들 영어학원도 다니고, 벌써 영어책을 줄줄 읽는 아이들도 있는데 저희 아이는 영어를 싫어해요. 어릴 때 영어유치원에 다니다가 매일 안 간다고 울고불고해서 결국 유치원도 옮겼거든요. 그때의 스트레스 때문인지 계속 영어를 거부해서 그냥 놔두었는데 이제 학년도 올라가고 계속 안 할 수는 없으니까 걱정이 돼요."

이야기를 다 들은 나는 영어교육을 너무 어렵게 생각하지 않았으면 좋겠다고 말씀드렸다. 아이의 나이가 있고, 영어에 관한 좋지 않은 경험도 있어서 엄마가 '끌고 가는' 형태는 옳지 않을 것 같다는 생각이 들었다. 따라서 아이가 좋아하는 분야부터 자연스럽고 즐겁게 영어에 노출하면 될 것 같다고, 아이가 영화 어벤져스 시리즈를 좋아하니 그걸 활용해보라고 조언했다. 영화를 먼저 본 후에 그 시리즈 중에서 가장 좋아하는 영화를 학습용 DVD 플레이어에 넣어 일상생활 속에서 계속 흘려들을 수 있게 해주면 귀가 열리게 될 거라고 말이다. 그러면 나중에 학교 시험이나 수능 영어 듣기 평가 점수를 수월하게 받을 수 있고, 아이의 귀가 열리면 자연스럽게 말하기로 넘어갈 수 있다고 했다. 아이의 성향에 따라 빨리 말이 나오는 아이가 있고 그렇지 않은 아이가 있는데, 아닐 경우에는 말하기 연습을 할 수 있는 기회를 좀 더 마련하여 자연스럽게 말하기를 이끌어낼 수 있게 도와주면 될 거라고, 그렇게 다시 시작하면 된다고 말씀드렸다.

그런데 답변을 다 듣고 난 표정이 고민이 해결되었을 때의 환하고

아이가 버거운 엄마 엄마가 필요한 아이

가뿐한 모습이 아니었다. 필시 다른 이야기가 더 있는 것이 분명했다.

"어머님, 우리 솔직하게 좀 더 이야기해볼까요? 단순히 영어교육의 문제가 아닌 것 같은데 아이의 어떤 점이 고민이세요?"

"3학년이 되면서 학교에서 영어를 배우는데 친구들은 거의 다 영어책을 읽고, 쓰고, 심지어 유창하게 말하는 아이도 있다 보니 아이 스스로 자기는 영어를 못한다면서 스트레스를 많이 받더라고요. 계속 영어 학원에 다니기는 싫다고 해서 저랑 같이 집에서 공부하기로 했는데 자꾸 미루고, 꾸물거리고, 하기 싫다고 하면서 빼먹고… 아무리 좋게 말해도 제 말을 듣지 않아요."

"아, 아이가 자기 입으로 약속하고는 공부 약속을 지키지 않고, 꾸물거리고, 말도 안 듣는 게 힘드시군요?"

"네, 요즘은 아이의 모든 행동이 다 눈에 거슬려요. 정말 비난하고 싶지 않은데 말을 안 들으니까 계속 잔소리하게 되고, 제 목소리도 자꾸만 커져 가고 하루하루가 너무 힘들어요."

"또 힘든 거 있으세요?"

"아이가 한 번 말해서는 말을 듣지 않아요. 그게 너무 힘들어요. 답답해서 속이 터질 것 같아요. 양치질하자고 하면 '네' 대답만 하고 딴짓하고, 그래서 또 이야기하면 또 '네' 대답만 하고 딴짓하고, 그러면서 '1분만요' '1분만 더요' 이러는데 매사에 이런 식이에요. 정말 이러다가 화병이 날 거 같아요."

"아이가 엄마를 무시하는 것 같나요? 엄마 말을 우습게 아는 것 같나요?"

"맞아요. 아이에게도 그렇게 말했어요. 너 나 무시하냐고."

"자, 어머님! 제가 질문하면 깊이 고민하지 말고 그냥 딱 떠오르는 걸 대답해주세요. (한 템포 쉬고) 과거에 누가 나를 그렇게 무시했나요? 어린 시절에 누가 그렇게 나를 무시하고 함부로 여기는 것 같았나요? 혹시 떠오르는 기억이 있으세요?"

"특별히 떠오르는 게 없는데, 제 자존감이 낮아서 그럴까요?"

"눈을 감고 제가 하는 말을 마음속으로 따라 해보실 수 있나요?"

"네."

"너, 나 무시하니? 네가 뭔데 날 이렇게 함부로 대해? 난 너한테 이런 대접을 받으려고 태어난 게 아니야. 네가 뭔데 날 이렇게 우습게 봐? 나도 소중한 사람이야. 나도 존중받을 가치가 있어. 나도 귀한 대접 받을 자격이 있다고. 나 무시하지마. 나 우습게 보지마. 나 그렇게 하찮은 사람 아니야."

"작가님, 죄송해요. 너무 눈물이 나요."

"괜찮아요. 아주 좋은 거예요. 억지로 멈추려 하지 말고 많이 우세요. 많이 울고 가세요. 어머님은 참 착하고 좋은 사람이에요. 처음 저에게 질문할 때도 제가 강연을 마치고 힘들까봐 혼자 집에 가서 해결하려고 하신 분이잖아요. 다른 사람을 배려하고 존중할 줄 아는, 아이도 참 열심히 키워보려고 노력하시는 분이잖아요. 정말 좋은 분이세요. 다만 내면에 '무시받은' 상처가 있어요. 어린 시절에 무시받고 힘들었던 순간에 그 마음을 제대로 표현하지 못한 채 그대로 얼어버린 상처받은 내면아이가 있어요. 자라는 동안 그런 상황이 반복될 때마다 하고 싶었던 말과 행동을 표현하지 못하고 속으로 삼키면서 성장했던 그 내면아이가 지금 내 아이의 행동을 보면서 자꾸 건드려지는 것뿐이에요."

✤ 진짜 이유를 알면 문제를 해결할 수 있다

강연을 하고 나면 많은 어머니들이 질문을 하신다. 그런데 그 내용을 잘 들어보면 처음 내게 고민이라고 털어놓은 이야기는 온데간데 없고, 실제로는 다른 부분들 때문에 고민하고 힘들어한다는 걸 알게될 때가 많다. 어쩌면 그분들이 진짜 모르는 것은 자신의 물음에 대한 답이 아니라 그 질문 아래에 숨죽인 채 웅크리고 있는 '내면아이의 존재와 아픔'일지 모른다.

"아이가 공부를 안 해요, 어떻게 하면 공부를 하게 하죠?"
"아이가 유치원에 가기 싫어해요, 어떻게 할까요?"
"아이가 동생을 너무 미워해요. 어떻게 하면 좋을까요?"
"아이가 유치원에서 혼자 논대요."

"아이가 게임만 해요."

"아이가 정리 정돈을 안 해요."

"아이가 친구를 때리고 와요."

"아이가 책을 너무 안 읽어요."

"아이와 놀아주는 게 너무 힘들어요."

"아이들이 싸우면 미칠 것 같아요."

"잘 가지고 놀지도 않을 거면서 계속 장난감을 사달라고 해요."

"남편이 술을 먹고 계속 밤늦게 들어와요."

"워킹맘인데 회사를 그만두어야 할까요?"

20년간 육아 멘토로 활동하면서 많은 어머니들을 만났고, 정말 많은 질문을 들었다. 최근 몇 년 동안은 개인적으로 진행하는 또 여러 기관에서 요청해온 2~3개월간의 수업들을 통해 어머니들과 길게 호흡하면서 육아에 대한 더 내밀한 이야기, 어쩌면 삶의 거의 모든 것에 관한 이야기를 나누었다. 그럴 수밖에 없는 것이 육아는 우리 삶의 거의 모든 것과 유기적인 관계를 맺고 있기 때문이다.

이렇듯 육아는 삶의 일부분이다. 더 자세히 말하면 모든 것이 풍족하게 갖추어져 있는 환경 속에서 아이 키우는 일에만 집중할 수 있는 부모는 없다. 배우자와의 관계, 시댁과 친정 문제, 직장에서의 업무, 내 컨디션과 건강, 경제적인 상황 등 아주 많은 일들 속에서 우리는 아이를 양육한다. 그러다 보니 각각의 상황 속에서 스트레스를 받거나 신경 쓰고 고민해야 할 일들이 있을 때면 육아에 온전히 힘을 쏟기 어렵다. '육아에 정답이 없다'는 말은 저마다 가정환경이 다르고, 그 환경에서 살아가는 사람이 다르고, 그들이 이전까지 쌓아온 경험이 다르기 때문에 구체적으로 들어가면 각각의 해답이 다를 수밖에 없다는 뜻이다.

하지만 그런 일련의 과정과 시간을 통해 이제는 확신하게 되었다. 많은 어머니들이 아이를 잘 키우는 방법을 몰라서 고민하는 것이 아니라 끊임없이 반복되는 일상 속에서 '진짜 내 마음'을 몰라서 더 힘들어하고 아파하고 있다는 것을 말이다.

아이를 키우는 데 있어서 책 읽기가 중요함을 몰라서 고민하고, 놀이의 힘을 몰라서 힘들어하는 것이 아니다. 대화가 필요하다는 걸 몰라서 어려워하고, 사랑이 그 모든 것의 기본이자 핵심이라는 것을 몰라서 헤매는 것이 아니다. 내가 권하는 책을 아이가 읽지 않고, 아이의 놀아달라는 말에 내 몸과 마음이 움직여지지 않고, 아이와 대화를 하라는데 도대체 무슨 말을 어떻게 해야 할지 모르겠고, 사랑을 준다고 주고 있는데 아이는 마치 내 사랑이 틀린 것처럼 반응하기 때문에 육아가 힘들고 어렵게 느껴지는 것이다.

그리고 그 어려움은 내가 진짜 내 마음을 모른 채 아이(또는 나)의 행동을 고쳐야 하는 것으로 바라보기 때문이다. 우리의 내면 깊은 곳에 웅크리고 있는 상처받은 내면아이의 마음을 알아차리고 공감해주지 못했기에 아이의 행동과 마음에도 공감해줄 수 없다. 결국 우리는 어떻게 하면 아이가 잘 자라는지 몰라서가 아니라 그것이 힘들고 어렵게 느껴지는 '진짜 이유'를 몰라서 고민하고, 포기하고, 때로는 답이 없는 곳에서 답을 찾고 있는 것이다.

이처럼 육아를 힘들어하고 어려워하는 부모들의 질문과 더불어 그 속에 숨어 있는 부모 자신도 모르는 '진짜 마음'을 이번 책을 통해 들여다보고자 한다. 나 역시 숱하게 고민했고, 좌절해가면서 찾아낸 방법들 또한 함께 녹여볼 생각이다. 그리하여 부모들에게 상처받은 내면아이와 소중한 내 아이를 모두 잘 키울 수 있는 구체적이고 실질적인 육아 노하우를 제시해보고자 한다.

아이가 말을 듣지 않을 때 화가 나고, 어질러진 방을 쳐다볼 때마다 한숨이 나며, 아이들의 싸우는 소리에 괴롭고, 자꾸 뭔가를 사달라는 아이가 미운 부모들에게 이 책을 권하고 싶다. 아이와 놀아주는 것이 어렵고, 아이의 학습적인 부분이 걱정되고, 일하면서 육아하는 것이 고된 부모들에게도 마찬가지다. 뿐만 아니라 부부 관계가 원만하지 않은 경우, 아이의 친구 관계 및 사회성이 걱정되는 경우, 더 나아가 늘 자신의 모습이 부족하게 여겨지고 다 자신의 잘못인 것 같은 사람들에게도 추천하고 싶다. 왜냐하면 이 책에서 시도한 방법들은 수많은 상담을 통해 실질적으로 효과를 본 것들이기 때문이다.

어쩌면 이 책은 몇몇 독자들을 불편하게 할지도 모르겠다. 하지만 지금 육아가 힘들다면, 엄마 혹은 아빠로서 살아가는 삶에 막힘이 있다고 느낀다면 불편하다고 외면하지 말고 용기 있게 이 책을 펼쳐보았으면 한다. 진실을 알아야 답을 찾을 수 있으니까 말이다.

아이가
버거운 엄마

엄마가
필요한 아이

차례

프롤로그 _ 육아가 버거운 이유는 따로 있다   004

1장 _ 아이에게 화가 나는 이유가 뭘까?
상처 입은 자화상을 가진 엄마

나에 대한 믿음은 어디에서 왔을까   023
상처는 나로 끝나지 않는다   029
내면아이 들여다보기   032
내 안에도 상처받은 내면아이가 존재할까   041
내면아이에게 들려주는 동화   양치기 소년   048

2장 _ 왜 나는 아이와의 놀이가 힘들까?
이끄는 대로 따라 와주지 않는 아이에게 화가 나는 엄마

아이와의 놀이가 힘든 진짜 이유   053
부모의 모습을 스펀지처럼 흡수하다   057
내면아이의 상처를 떠나보내는 법   059
아이와 즐겁게 노는 법   061
무의식은 운명이 된다   074
내면아이에게 들려주는 동화   비둘기와 까마귀   076

3장_ 왜 아이가 어지를 때마다 화가 날까?

정리 정돈 혹은 청소와 관련된 상처가 있는 엄마

아이가 어지를 때마다 화가 나는 엄마 081

내면아이를 알아차리는 것이 중요한 이유 086

어지르는 아이와는 이렇게 놀아보자 089

가르친다는 것과 통제한다는 것 102

우리 안에 통제받은 어린 아이가 있다 104

내면아이에게 들려주는 동화 세 자매 길들이기 108

4장_ 워킹맘이냐, 전업맘이냐?

일과 육아를 함께하기 어려운 엄마

워킹맘의 고민 113

워킹맘 vs 전업맘 122

아이는 부모의 무의식을 보고 자란다 125

알아두면 유용한 워킹맘을 위한 TIP 129

죄책감으로 아이를 키우지 말자 138

출근할 때 우는 아이 달래는 법 141

내면아이에게 들려주는 동화 엄마 게와 아기 게 146

5장_ 왜 똑같은 장난감을 자꾸만 사달라고 할까?

물건을 낭비하는 아이에게 화가 나는 엄마

아끼는 것만이 진정한 미덕일까 151

돈은 수많은 감정을 품고 있다 158

용서보다 내 아픔을 헤아리는 것이 먼저다 161

자꾸 사달라고 조르는 아이와 슬기롭게 지내는 법 163

받고 쓰는 경험이 먼저다 173

용돈교육보다 중요한 돈에 대한 부모의 태도   176

내면아이에게 들려주는 동화   **수사슴의 뿔과 다리**   178

6장 _ 왜 아이들이 다투면 화부터 날까?
싸움과 관련된 경험으로 상처가 있는 엄마

싸움을 지켜보는 것 자체가 고통인 이유   183

싸움의 패턴   188

착하던 아이는 왜 질투의 화신이 되었을까   192

사랑으로 아이의 결핍 채우는 법   194

싸움에 대한 패러다임의 전환   204

싸움은 논리의 영역이 아닌 감정의 영역   207

내면아이에게 들려주는 동화   **나귀와 강아지**   210

7장 _ 공부에 도움되지 않는 습관들은 버리면 안 될까?
학습과 능력에 상처가 있는 엄마

공부 잘하는 아이로 키우고 싶은 마음   215

상처는 시야를 가린다   220

공부는 감정이다   229

현명하게 아이의 학습 능력을 키워주는 법   231

내 아이에게 가르쳐주어야 할 것   240

내면아이에게 들려주는 동화   **고양이 목에 방울 달기**   242

8장 _ 남의 편이라 남편인가요?
남편과의 소통이 어려워 육아가 힘든 엄마

남편과 싸우면 왜 아이에게 불똥이 튈까   247

부부 간에 갈등이 있을 때 현명하게 육아하는 법   256
부부 관계가 건강해야 건강한 아이를 키운다   260
부부 간의 갈등, 어떻게 극복해야 할까?   262

`내면아이에게 들려주는 동화` **외나무다리에서 만난 두 마리 염소**   274

9장 _ 아이와 함께 있어도 왜 이렇게 외로울까요?
외로움에 관한 상처가 있는 엄마

아이의 친구 관계가 걱정되는 엄마   279
내 안에 외로운 내면아이가 있다면   295

`내면아이에게 들려주는 동화` **배고픈 세 마리의 개**   302

10장 _ 엄마가 행복해야 아이도 행복한 거죠?
스스로를 사랑해야만 하는 엄마

위험한 사랑   307
나에 대한 사랑을 가득 채워라   309
어떤 경우에도 자신을 비난하지 않기   311
달리는 기차에서 노래를 부르며 알게 된 것   314
하던 일을 하지 않고, 하지 않던 일을 해보기   317
만화방이 내게 가르쳐준 것   318

`내면아이에게 들려주는 동화` **사랑에 빠진 사자**   322

에필로그 _ 당신의 잘못이 아니에요   324

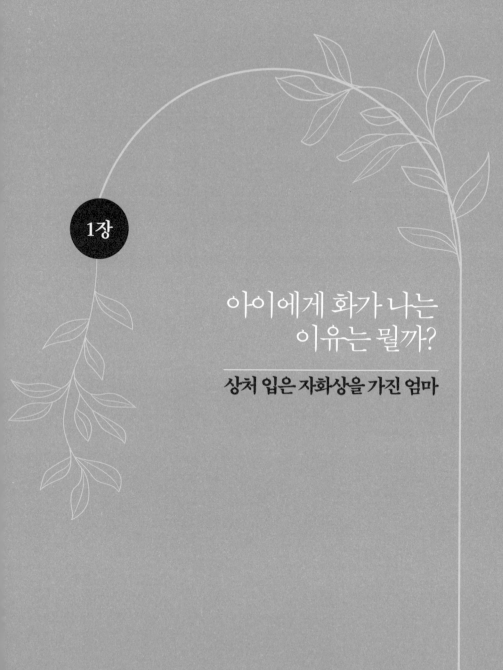

1장

아이에게 화가 나는
이유는 뭘까?

상처 입은 자화상을 가진 엄마

화를 내는 순간 상대방은 별로 좋아하지 않겠지만
얼마 가지 않아 금방 잊어버린다.
그리고 오히려 서로를 잘 이해하게 된다.
우리가 분노를 표현하지 않고 대신 나 자신을 괴롭히면
문제는 해결되지 않은 채 그대로 남고
그로 인한 피해는 훨씬 더 크다.

_ 앤드류 매튜스(Andrew Matthews, 호주의 작가)

정말 그럴까?
나는 아직도 엄마 아빠가 내게 퍼부은 화가 잊히지 않는데?
분노를 표현하면 상처가 오래 가. 그러니까 표현하면 안 돼.
하지만 참고 살면 내 삶의 문제는 그대로 남잖아.
정말 참기만 해서는 안 되는 건가?
그래도 화를 내는 건 안 좋은 거 아니야?

✣ 나에 대한 믿음은 어디에서 왔을까

[체크리스트]

- [ ] 나는 부족하다.
- [ ] 나는 게으르다.
- [ ] 나는 너무 뚱뚱하거나 말라서 볼품이 없다.
- [ ] 나는 완벽주의 기질이 있다.
- [ ] 내가 하는 일은 남들도 할 수 있다고 생각한다.
- [ ] 나는 새로운 일을 시작하려고 할 때마다 걱정되거나 두렵다.
- [ ] 나는 가끔 내가 누군지 잘 모르겠다.
- [ ] 나는 대표를 뽑기 위한 투표를 할 때 내 이름을 적지 못한다.
- [ ] 사람들은 나를 잘 모른다.
- [ ] 나는 억울하다.
- [ ] 나는 화를 잘 내지 않지만 한번 화를 내면 무섭게 낸다.
- [ ] 나는 시간이 없다.
- [ ] 나는 해야 할 일이 너무 많다.
- [ ] 나는 특별하다.
- [ ] 나는 소중하다.
- [ ] 나는 사람들을 믿지 않는다.
- [ ] 나는 아직 준비되지 않았다.
- [ ] 나는 끊임없이 나 자신을 비판하고 꾸짖는다.
- [ ] 나는 운이 없다.
- [ ] 나는 내가 베푼 서비스의 대가를 잘 요구하지 못한다.
- [ ] 나는 사랑만 있으면 된다.

- [ ] 나는 사람을 편안하게 하는 편이다.
- [ ] 나는 모임에서 뒤에 숨어 있는 사람이다.
- [ ] 나에게 도움 되는 일도 꾸물거리면서 자꾸만 뒤로 미룬다.
- [ ] 나는 누군가에게 큰 짐이 되는 존재다.
- [ ] 나는 내 장점을 부정한다.
- [ ] 주변 사람들이 피곤해하고 짜증을 내면 내가 무엇을 잘못했는지 생각해본다.
- [ ] 나는 월급 인상을 요구하기 두렵다.
- [ ] 나는 싸우는 게 정말 싫다.
- [ ] 나는 다른 사람과 가까워지는 것이 두렵다.
- [ ] 나는 일이 잘못될까봐 선뜻 결정을 내리지 못할 때가 많다.
- [ ] 나는 스스로 부족하고 능력이 없다고 생각하여 되도록 임무를 떠맡지 않는다.
- [ ] 나보다 다른 사람을 먼저 챙긴다.
- [ ] 왠지 나를 가장 우선으로 챙기면 욕을 먹을 것 같다.
- [ ] 사람들이 나를 무시한다는 생각이 든다.
- [ ] 삶은 나에게 힘들고 고통스럽다.
- [ ] 삶은 불공평하다.
- [ ] 나는 눈에 띄는 사람들이 부럽다.
- [ ] 나는 솔직히 내가 성공할 수 있을 거라고 믿지 않는다.
- [ ] 나는 늘 걱정이 많고 불안하다.
- [ ] 나는 능력이 없다.
- [ ] 나는 자주 나에게 실망한다.
- [ ] 나는 충분하지 않다.
- [ ] 나는 꽤 멋지다.

과거에 나는 이와 같은 체크리스트에서 거의 모든 항목에 해당되는 사람이었다. 체크리스트를 통해 자신의 모습을 한번 살펴보자. 어떤 가? 과거의 나와 비슷한가 아니면 나보다는 좀 나은 편인가? 더 말할 것도 없이 현재 자신의 모습이 눈앞에 딱 보일 것이다. 아, 한 가지 빼먹은 사실이 있다. 내 경우 체크리스트의 거의 모든 항목에 다 체크가 되었지만 당연히 긍정적인 항목은 빼고서였다.

혹시 체크리스트에 나처럼 갈매기가 많이 날아다닌다면 내가 그 랬듯이 육아를 열심히 하고 또 잘하는 분이 아닐까 싶다. 자신이 부족하고 보잘것없다고 여기는 만큼 '내 아이는 나와 다르게 키우고 싶다'는 간절한 열망을 품게 되기 때문이다. 그래서 결핍과 상처는 스스로에게 선물이 되기도 한다. 꿈과 목표를 주고, 그것을 향해 달 려 나갈 수 있는 추진력도 함께 주기 때문이다. 물론 고통과 인내의 시간을 견디고 난 다음에 말이다.

반대로 체크리스트에 표시한 항목이 몇 개 없고, 긍정적인 항목에 꽤 체크를 한 경우라면 갈매기가 떼 지어 날아다닌 경우보다 육아를 한결 수월하게 잘할 수 있다. 기본적인 자아상이 높아서 아이를 자신처럼 멋지게 생각하고, 있는 그대로의 모습으로 비춰줄 가능성이 크기 때문이다. 물론 육아를 하지 않는 경우라면 해당되지 않는다.

사실 이 체크리스트를 통해 내가 진짜로 하고 싶은 말은 '내가 믿는 것이 곧 현실이 된다'는 것이다. 스스로 부족하다고 믿는 사람은 일상에서 자신의 부족한 점들을 끊임없이 발견하며 살아간다. 또 내가 하는 일은 남들도 할 수 있다고 여기거나 내가 베푼 서비스의 대가를 요구하는 것에 어려움을 느끼고, 주변 사람들이 짜증을 낼 때 내가 무엇을 잘못했는지 생각해보는 사람은 이상하리만큼 주위에서 그런 일들이 실제로 펼쳐지는 경우가 많다. 즉 우리의 현실은 정확하게 내가 믿는 대로 이루어진다.

도대체 이 믿음은 어디에서 온 것일까? 대부분 부모로부터 온다. 나도 모르는 사이에 부모가 비춰준 모습을 내 안에 간직하며 성장해가기 때문이다. 아이에게 부모는 세상의 전부다. 태어난 지 얼마 되지 않을수록 더욱 그렇다. 부모의 관심과 보살핌을 절대적인 양분으로 삼고 자라야 하기 때문에 부모가 보내는 모든 신호를 자신에 대한 사랑이라 믿으며 성장한다.

"뚝 그쳐, 그만 울어!"

"네가 아들로 태어났어야 했는데…."

"양보할 줄 알아야 친구들이 좋아하지."

"아침부터 울면 재수 없어."

"쓸데없는 데 돈 쓰지마."

"다 널 위해서 공부하라는 거야."

"어른 말을 잘 들으면 자다가도 떡이 생겨."

"한 번만 더 그러면 진짜 화낼 거야."

"화나게 하지마! 참는 데도 한계가 있어!"

아이는 성장하는 동안 이런 부모의 부정적인 말들을 모두 수용하며 자란다. 행여 이런 말들을 수용하지 못했을 때도 부모님이 틀렸다고 생각하기보다는 대부분 자신이 잘못했기 때문에 부모님이 그런 말씀을 하신 것이라고 믿는다. 그것밖에 되지 않는 자신을 미워하고 수치심과 죄책감을 자기 안에 쌓아가며 성장하는 것이다.

부모의 말뿐 아니라 눈빛과 행동도 마찬가지다. 매를 들면 매가 사랑이라고 생각하고, 친척 집에 맡겨지면 떨어져 있는 것을 사랑이라고 믿는다. 차별하면 그것 또한 다른 방식의 사랑이라고 생각한 채 그것을 스스로 내재화시키며 자란다.

중요한 것은 어린 시절의 이러한 양육방식이 성인이 된 이후의 삶에 고스란히 나타나 문제를 일으킨다는 것이다. 현대 심리학에서 이와 같은 사실을 밝혀냈고, 이렇게 성장한 어른들의 마음속에는 상처받은 '내면아이'가 있다고 한다. 성장 과정 중에 겪은 육체적 또는 정신적 충격을 해소하지 못하고 그대로 멈춰버린, 아무에게도 공감 받지 못한 내면아이가 웅크린 채 자리하고 있는 것이다.

삶에 영향을 미치는 많은 일들이 어린 시절의 경험으로 형성된다. 각자의 경험 속에서 그때 당시 하지 못하고 억눌러둔 말과 행동이 내면에 웅크리고 있다가 지금 일어나고 있는 일을 통해서 공명한다. 아이에게 화가 나고, 남편에게 섭섭한 마음이 들거나 시댁 식구가 밉고, 직장 동료에게 짜증이 나고, 세상이 두려운 것은 '현재' 일어나는 일이지만 사실 그 뿌리는 어린 시절인 '과거'에 있다. 따라서 과거는 결코 지나간 이야기가 아니다.

"물은 위에서 아래로 흐른다"는 말처럼 과거는 지금의 현재를 지나 미래에까지 영향을 미친다. 우리가 굳이 상처받은 과거로 돌아가는 것은 삶이 고통임을 배우기 위해서도, 남을 탓하기 위해서도 아니다. 성인이 되었으면 자신의 삶에 책임을 져야 하는데, 왜 모든 것이 부모 탓이냐고 말하는 목소리가 있다는 것을 안다. 맞는 이야기다.

하지만 악취의 원인이 상류에서 시작되었다면 문제를 해결하기 위해 상류로 올라가는 것은 당연하다. 부모님이 최선을 다해 우리를 키워주었으나 그 과정에서 아픔 또한 주었기에 그로 인해 많이 힘들었다고 말하는 것은 배은망덕함이 아니며 책임 회피도 아니다. 오히려 진심으로 아팠다고 말을 해야 진정으로 사랑한다는 말을 할 수 있고, 더 나아가 지금 일어나고 있는 문제의 실마리도 풀 수 있다. 또한 그래야 제대로 된 책임감도 배울 수 있다.

그렇지 않으면 화살의 방향이 내 소중한 아이를 겨누게 된다. 네가 이러이러해서, 네가 잘못했기 때문에 화를 내는 거라고 자신의 화를 정당화하면서 내 안의 분노(죄책감과 수치심)를 아이에게 던진다. 이 것은 차마 우리를 위해 헌신한 부모님을 원망할 수 없어서 아이에게 죄를 뒤집어씌우는 꼴이다. 내 과거의 상처를 마주 보는 것은 부모에게 비난의 화살을 쏘아 공격하려는 목적이 아니다. 우리 아이를 진심으로 사랑하기 위해서다. 내 안에 억눌린 내면아이의 감정을 허용해야만 상대의 가슴 안에도 그런 아이가 살고 있음을 받아들이고, 우리모두 건강한 삶으로 나아갈 수 있기 때문이다.

아이를 키우는 동안 우리는 필연적으로 내면아이를 만나게 된다. 아이가 숙제를 미룰 때, 약속을 어길 때, 빨리빨리 움직이지 않을 때, 친구에게 맞고 왔을 때, 공부를 안 할 때, 밥을 잘 먹지 않을 때 혹은 너무 많이 먹을 때, 내 말을 안 들을 때, 계속 짜증 낼 때, 욕을 할 때, 늦게 일어날 때, 잠을 자지 않을 때, 자꾸 뭘 사달라고 할 때, 정리 정돈을 안 할 때, 동생과 싸울 때, 남편이 늦게 귀가할 때 혹은 남편이 집안일과 육아는 나 몰라라 하고 잠만 잘 때 등 나도 모르게 격한 감정이 불쑥 올라온다. 그때 '아, 이 지점에 나의 내면아이(상처)가 있구나' 하고 알아차리면 된다. 그러면 누구 때문이 아니라 '내 감정의 주인은 온전히 나'임을 알고 스스로 감정을 다스릴 수 있을 뿐 아니라 눈앞의 문제도 해결할 수 있다.

이러한 기저를 모르면 아이에게 화내는 자신을 한없이 부족한 엄마라고 자책하며 끊임없이 나와 가족을 괴롭히게 된다. 또한 이것은 나에게서 끝나는 것이 아니라 세대를 거쳐 고스란히 아이에게 대물림되기 때문에 더욱 짚고 넘어가야 한다.

🕊 상처는 나로 끝나지 않는다

아주 부지런하고 열심히 사는 엄마가 있다. 얼마나 부지런한지 꼭두새벽에 일어나 시아버지, 시어머니, 시누이, 시동생을 포함한 대가족의 아침식사를 모두 준비하고, 아이들이 학교에 가져갈 도시락을 싸고, 교복을 다리고, 식구들이 식사하는 동안 자신의 출근 준비를 마치고, 가족이 아침상을 물리면 그 엄청난 양의 설거지를 모두 끝낸 후 회사에 간다. 직장에서 일을 마친 다음에는 퇴근길에 저녁상을 차리기 위한 반찬 재료를 사들고 와서 음식을 하고, 다시 상을 차리고, 설거지를 한다. 하루 종일 쉴 틈 없이 몸을 움직이며 아주 부지런히 주어진 모든 일을 해낸다.

과연 이러한 삶이 즐거울까? 아니다. 당연히 힘들 것이다. 하지만 자기 몫이라고 생각하기에 참고 인내하며 하루하루를 살아간다. 문제는 억누른 감정은 반드시 튀어나온다는 사실이다. 대부분 그 분노의 방향은 가장 자신에게 안전한 아이나 남편에게 조준되어 참고 참다가 결국은 화나 비난으로 쏟아진다. 이런 경우 '화'의 소재 중 하나는 '게으름'이다. 자신이 정말 열심히 살아가기에 그렇지 않아 보이는 만만한 존재를 향해 '너는 게으르다'고 지적한다. 이렇게 게으르다는 지적을 받고 자란 아이에겐 두 갈래의 길이 있다. 엄마의 분노와 비난으로부터 벗어나기 위해 엄마처럼 열심히 살거나 혹은 평생을 게으르게 살아간다. 겉으로 볼 때 이 둘은 너무나 상반된 모습이다. 하지만 그 뿌리가 같기에 결국 이 둘은 하나다.

열심히 살아가는 전자의 경우, 게을러지지 않기 위해 스스로를 채찍질하고 쉬고 싶은 마음을 억누르며 부지런히 달린다. 그렇게 자신의 몸을 혹사시키다가 자신이 조금이라도 나태하다고 느껴질 때 가

아이가 버거운 엄마 엄마가 필요한 아이

차 없이 자신을 비판하고, 또 게을러 보이는 타인을 욕하며 시커멓게 타들어가는 몸과 마음을 안고 살아간다.

게으르게 살아가는 후자의 경우, 사는 동안 끊임없이 타인의 비난을 받는다. 때로는 그들의 말에 저항해보기도 하지만 자신의 게으른 모습에 스스로도 실망하고 자책하면서 자신을 가치 없는 존재로 여기며 살아간다. 두 가지 경우 모두 마음속에 '게으름'을 붙잡고 있기에 사는 동안 평생 게으름으로부터 벗어날 수 없다. 그래서 둘은 서로 같은 상처, 같은 에너지를 가지고 있다.

정말 무서운 건 내가 열심히 산다고 '게으름'이 내 삶에서 없어지는 게 아니라는 점이다. '게으름'을 움켜쥐고 있는 이상 열심히 살더라도 삶에 있어서 '게으름'이 현실로 창조되어 나타난다. 즉 내가 게을러질 수밖에 없는 상황이 오거나 아니면 내 곁에 게으른 사람을 불러들이게 된다. 보통은 가족, 친구(동료) 관계에서 그런 사람을 만나게 되는데 '열심히 사는 나'는 그들을 비난하며 더 열심히 살아가지만 그런 나 자신에게도 문제가 있다는 걸 깨닫지 못한다. 게으름을 놓아버리지 않는 한 평생 '게으름'과 '열심히' 사이에서 균형을 맞추지 못하고 양극의 에너지로 이동하며 힘들게 살아간다.

억울하게 생각하지 않았으면 좋겠다. 이것은 나 자신도 모르게 무의식적으로 저지르는 일이기 때문이다. 억눌린 마음은 무의식이 되고, 무의식은 어느 순간 현실이 되어 내 앞에 펼쳐진다. 이때 억누른 감정을 다른 말로 표현하면 '내면아이의 상처'라고 할 수 있다. 이 상처는 세대를 거쳐 대물림된다. 이것이 우리가 내면아이를 들여다보고 상처받은 그 아이의 아픔을 공감해줌으로써 과거의 상처를 털어내야 하는 이유다.

🕊 내면아이 들여다보기

억눌린 마음으로 인한 상처받은 내면아이가 많은 사람일수록 성인이 되었을 때 다음과 같은 몇 가지 특징들을 보인다.

① 해야 한다는 생각에 사로잡혀 있다

"가급적 내가 직접 요리해서 식구들을 먹여야 해."

"아이들에게 화를 내서는 안 돼."

"육아서를 읽어야 해."

"일찍 일어나서 내 시간을 가져야 해."

"건강을 위해 운동을 해야 돼."

"아이에게 책을 읽어주고 놀이도 함께해줘야 해."

"부모님이 살아계실 때 잘해드려야 해."

"노후 대비를 위해 지금부터라도 뭔가를 해야 해."

"남편을 우선적으로 챙겨야 해."

"집 안을 깨끗이 정리해야 돼."

이들은 해야 할 일이 정말 많다. 이것저것 해야 할 일을 통해 삶이 업그레이드되고 스스로 만족스럽다면 더할 나위가 없겠지만 과도한 의무감에 짓눌려 '오늘도(아직도) 난 해야 할 일을 다 못했구나. 왜 이렇게 난 게으르고 부족할까'란 자책으로 귀결된다면 이것은 문제가 된다. '해야 한다'는 말은 필연적으로 부정적인 결과를 낳는다. 이 말은 해야 하는데 아직 하지 못했거나, 해야 해서 힘들게 하고 있거나, 해야 하기 때문에 부담스럽다는 짐을 지고 있는 상태를 의미하기 때문이다. 결국 이미 잘못했거나, 지금 잘못하는 중이거나, 앞으로 잘못할 것이라는 뜻을 내포하고 있다.

이러한 시간들이 길어지면 죄책감과 강박, 때론 수치심과 억울함, 짐을 지고 있지 않은 듯 보이는 타인에 대한 분노로 이어질 수 있다. 따라서 스스로 감당할 수 있을 만큼 계획을 세우고, 그것이 이루어지면 또 하나를 채우는 식으로 차근차근 무리 없이 해야 할 일들을 해나가는 것이 좋다. 짐을 지고서는 오래 버틸 수 없기 때문이다.

② 지나친 책임감에 사로잡혀 있다

"아이가 아픈 건 다 내 잘못이야."
"아이가 공부를 못하는 건 나 때문이야."

"남편이 승진하지 못하는 건 나의 내조가 부족했기 때문이야."

"아이들이 계속 싸우는 건 내가 뭔가를 잘못하고 있기 때문이야."

"내가 부족해서 부모님과 남편, 아이들이 힘들어하고 있어."

"내가 잘못해서 이런 일이 일어나는 거야."

아무런 근거 없이 모든 잘못을 자신이 가져가는 사람들이 있다. 물론 그 근거가 전혀 없는 것은 아니다. 아이가 자주 아픈 건 허약한 내 유전자가 원인일 수 있고, 내가 살뜰하게 보살피지 못한 이유일 수 있다. 하지만 오염된 환경 문제 때문일 수도 있고, 자다가 덥다며 창문을 열어둔 남편 때문일 수도 있으며, 아무거나 먹어도 잘 자란다며 상하기 직전의 음식을 먹인 친정엄마 때문일 수도 있다. 과도한 책임감은 심각한 죄의식으로 옮겨갈 수 있다.

이럴 땐 과연 이러한 생각이 나의 믿음인지 진실인지 체크해보는 것이 좋다. 나의 믿음이라면 내가 믿지 않음으로써 그 생각을 떨쳐내면 되고, 진실처럼 여겨진다면 한 번만 더 스스로에게 냉정하게 질문해보자. '아픈 아이를 둔 모든 부모는 그 잘못이 부모에게 있는가' 하고 말이다.

그렇게 곱씹어 생각해봐도 아이가 아픈 것이 내 잘못처럼 느껴진다면 그런 마음 아래에 숨겨진 나의 상처받은 내면아이를 들여다보자. 내 마음이 이런 정서를 가지게 된 것은 그 뿌리가 지금 여기에 있는 것이 아니라 과거에 있을 확률이 크기 때문이다.

③ 긍정적인 것을 인정하지 않는다

"오늘 정말 예뻐요"라는 칭찬에 "아니에요. 오늘따라 화장이 잘
　먹었나봐요"라고 답한다.

"살이 빠졌나봐요. 날씬해 보여요"라는 말에 "옷으로 가려서 그래
　요"라고 답한다.

"애가 어쩜 이렇게 똘똘해요?"라는 말에 "아이고, 말만 잘하지 행
　동은 굼떠요"라고 부정한다.

"참 부지런해요. 직장 일에 육아까지 척척 정말 대단하세요"라는
　말에 "아니에요, 저 진짜 게을러요"라고 말한다.

누군가 나를 칭찬하고 인정해줄 때 굳이 그 마음을 튕겨내는 사람들
이 있다. '예의상 하는 말이겠지' '별것도 아닌데 뭘' 하면서 나를 칭
찬하고 인정해주는 말을 한 귀로 듣고 한 귀로 흘려버린다. 흔한 행
동양식이지만 이런 태도가 고착되면 심각한 우울증으로 발전할 수
도 있다.

　사촌이 땅을 사면 배가 아프고, 모난 돌이 정을 맞으니 괜히 잘난
척해서 미움받지 말고 겸손해야 한다는 뿌리 깊은 정서는 가정에서
부터 학교를 거쳐 사회로까지 이어진다. 그 속에서 성장하는 동안 어
느 순간부터 나와 타인의 장점을 인정하지 않고 단점을 보는 것에
익숙해진다. 결국 나에겐 부족함과 고쳐야 할 단점만 남게 되고, 그

러다 보면 삶의 즐거움과 기쁨이 사라지고 무거움이 그 자리를 대신하게 된다. 내가 가진 장점들을 스스로 인정해주어야 하는데 상처받은 내면아이가 있는 사람들은 이게 잘 되지 않는다.

④ 부정적인 것만 골라낸다

"아이가 영어도 잘하고, 책도 잘 읽고, 잘 생기기까지 했어요"라는 말에 "수학이 중요한데, 수학 머리는 없는 것 같아요"라고 말한다.

"어쩜 이렇게 날씬하고 키도 크세요"라는 말에 "다리가 예쁘지 않아서 짧은 옷은 못 입고 긴 치마와 긴 바지만 입어요"라고 말한다.

"친정도 잘 살고, 시댁도 잘 살고 참 좋겠어요"라는 말에 "한 달에 두세 번은 꼭 시댁에 가야 해서 너무 피곤해요"라고 말한다.

내 손에 있는 아홉 가지 좋은 것보다 없는 것 한 가지에 집중하는 것역시 삶이 무겁고 괴로워지는 방법이다. 이런 습관 역시 어린 시절부터 길러진다. 잘하는 것은 그냥 넘겨버리거나 당연하게 여기고, 못하는 것에만 초점을 맞춰 끝없이 지적받아온 경험에 의해 나도 모르게 부정적인 것만 마음에 새기게 된 것이다. 무의식적인 자연스런 반응이겠지만 끊임없이 부족하고 결핍된 것들만 찾는데 어떻게 행복해

아이가 버거운 엄마 엄마가 필요한 아이

질 수 있을까.

삶은 누리는 것이다. 나를 둘러싼 빛과 공기, 내게 주어진 신체와 감각기관들, 소중한 아이와 하나뿐인 남편, 집과 집 안의 물건들, 그 모든 것은 당연한 것이 아닌 선물이기에 그들과 함께 기쁘게 유영할 줄 알아야 한다. 한 번도 상처받지 않은 것처럼 사랑하고, 오늘이 마지막인 것처럼 즐겁게 살아야 한다. 우리는 모두 우울해지려고 태어난 것도 아니고, 벌을 받기 위해 태어난 것도 아니기 때문이다. 그런데 이게 말처럼 잘 되지 않는다.

⑤ 지나친 일반화에 익숙하다

'왜 나만 빼고 말하지? 말 섞기도 싫을 만큼 내가 싫은가?'

'아, 또 잃어버렸어. 역시 난 재수가 없어.'

'분명히 여기 놔뒀는데 왜 없지? 난 머리가 나쁜가봐.'

"왜 퇴근하고 오면 TV만 봐? 왜 내가 다 해야 해?"

"엄마가 말하는데 왜 대답이 없어? 너도 날 무시하니?"

한두 번 일어난 일 혹은 현재에 발생한 일을 두고 앞으로도 계속 그럴 거라고 비약하는 사람들이 있다. 내가 믿는 것, 그렇다고 생각하는 것, 낙인을 찍어버린 것은 결국 현실이 된다. '나는 이런 사람이고, 너는 그런 사람이며, 이 일은 어차피 안 되는 일이다. 세상일이란 원래 그렇고 그런 것'이라고 낙인을 찍어버리면 우리가 바꿀 수 있는 일도, 할 수 있는 일도 없다. 그로 인한 상실감과 억울함, 좌절과 분노 사이를 오가다 보면 삶이 힘들고 괴롭게 느껴지는 것은 당연하다. 쉽진 않겠지만 나에게 일어나는 일들을 나의 경험이나 성향에 따라 주관적으로 의미를 부여하지 말고 객관적으로 바라볼 수 있는 시선을 키워야 한다.

강연을 시작한 초창기에 나 역시 지나친 일반화를 많이 했다. 열심히 강연을 하고 있는데 휴대폰을 자꾸 들여다보는 사람, 최선을 다해 얘기하고 있는데 눈을 감고 있는 사람, 진짜 열심히 열정을 불태워 말하고 있는데 중간에 나가버리는 사람을 보며 '내 강연이 마음에 안 드나' '나는 강사로서 자질이 없는가봐'라고 생각했다. 하지만 계속된 경험과 관찰을 통해 알게 되었다. 내가 전하는 이야기가 너무 좋아서 휴대폰에 강연 내용을 메모하는 것이고, 강연에 좀 더 집중하고 싶어서 눈을 감고 듣는 것이며, 처음부터 강연 전체를 들을 시간이 없었지만 조금이라도 듣고 싶어서 중간까지만 듣고 일어난 것이란 사실을 말이다. 지나친 일반화로 남는 게 상처뿐이라면 굳이 내가 나를 아프게 할 필요가 없는데도 이 생각을 스스로 멈추기 어렵다.

⑥ 전부가 아니면 아무것도 아니라고 생각한다

"오늘도 아이를 울리다니 난 정말 엄마가 되면 안 됐어."

"또 태워 먹었어. 이걸 누가 먹어? 휴, 난 요리에 젬병이야."

"아직도 숙제를 안 했다고? 도대체 커서 뭐가 되려고 그래?"

"왜 만날 늦게 들어와? 당신은 아빠가 될 자격이 없어."

생각보다 많은 사람들이 '모 아니면 도'라는 시선으로 세상을 바라본다. 모든 것이 갖추어지지 않으면 아무것도 아니라는 흑백논리는 완벽주의로 발전하여 작은 실수나 부족함도 용납하지 못하게 한다. 불완전하다는 생각은 끝이 없고 결국 불안과 두려움만 남게 된다. 세상에 100퍼센트는 존재하지 않는다. 흰색과 검은색 사이에도 아주 다양한 색이 존재하고, 낮과 밤 사이에도 수많은 밝음과 어둠이 있으며, 약함과 강함 사이에도 셀 수 없는 힘의 크기가 실재한다.

'이것이 아니면 저것'이라는 이분법적인 생각은 극단적인 생각을 갖게 하여 '실수는 곧 실패다'와 같이 해석되고 결국 좌절을 부른다. 하지만 우리는 실수 없이 배울 수 없다는 것을 알아야 한다. 살면서 실수가 실패처럼 느껴진다면 한 손을 가슴에 올리고 스스로를 '괜찮다, 괜찮다' 위로하며 적어도 나는 내 편이 되어야 한다. 하지만 이 또한 대부분 한두 번에 그치거나 생각으로만 받아들인다.

⑦ 감정을 근거로 판단한다

"이것도 모르다니, 정말 바보 같아. 맞아, 난 바보야."

"너무 미안해서 어쩌지. 그래, 내가 한 일은 분명 잘못된 일이야.
난 용서받을 수 없어."

"왜 계속 같은 잘못을 반복하지. 정말 발전이 없어. 난 무능하고
쓸모없는 존재가 분명해."

"화가 나. 이건 분명 네 잘못이야."

"아무것도 하고 싶지 않아. 이럴 땐 그냥 누워 있는 게 나아."

인간은 이성적인 존재지만 생각보다 우리는 감정에 근거한 판단을
많이 하며 그것을 진실로 착각한다. 기억에 왜곡이 있듯이 감정에도
왜곡이 있어서 감정에만 의존해서 판단하는 것은 심각한 부작용을
낳는다. 소소하게는 일을 미루는 것부터 시작해서 더 나아가 특정 상
황에서 내가 할 수 있는 일이 없다고 생각하여 삶의 주도권을 잃고
무기력해진다. 이것은 당연히 우울한 상태로 이어질 수밖에 없다.

이런 극단적인 결론을 내리는 것은 어린 시절 부모와 주변 환경으
로부터 학습된 메시지와 그로 인해 상처받은 내면아이가 우리 안에
있기 때문이다. 혼자서는 아무것도 할 수 없다고 느꼈던 내면아이의
마음에 공감해주어야 했지만 그러지 못했던 것이 원인이다.

육아를 통해 많은 사람들을 만나 깊은 이야기를 나누다 보니 유독
아이와 함께하는 것을 힘들어하고 삶의 곳곳에서 만나게 되는 관계
를 어려워하는 경우가 많았다. 그리고 이런 사람들에게는 앞서 소개
한 방식의 사고패턴이 만성화되어 있다는 것을 알게 되었다. 이 내용

은 우울증의 세계적인 권위자 데이비드 번스(David D. Burns) 박사가 '인지 왜곡'을 불러일으키는 사고패턴으로 제시한 여러 항목 중 일부를 나의 경험과 버무려 정리한 것이다.

🌿 내 안에도 상처받은 내면아이가 존재할까

우리 모두의 마음속에는 내면아이가 살고 있다. 이 아이는 자신이 잘되기를 누구보다 간절히 소망하고 스스로 빛나고 싶어한다. 죽음보다 삶을 훨씬 더 사랑하고, 사랑을 주고받길 원하며, 무언가가 잘못되어가고 있음을 본능적으로 느낀다. 또한 이 아이는 스스로를 위해 배우고 노력하는 것을 좋아하고, 열정적이며, 인류의 모든 지혜와 연결되어 있다. 하지만 이렇게 세상에 태어난 아이가 자라는 동안 당연하게 받아야 할 사랑과 보살핌을 받지 못했을 때 자신의 욕구를 억누르는 과정에서 상처를 받게 된다. 이것을 상담심리학에서는 '상처받은 내면아이'라고 부른다.

가슴 아프지만 우리를 가장 아프게 한 것은 우리를 사랑으로 길러준 부모다. 우리는 자주 사랑이란 이름으로 부모의 비난과 무시, 조롱과 분노, 걱정과 수치, 죄책감과 무력감을 경험하며 자랐다.

세계적인 전문 심리치료사 비벌리 엔젤(Beverly Engel)은 그의 저서 《좋은 부모의 시작은 자기 치유다》에서 아이에게 나쁜 영향을 미치는 7가지 부모 유형을 이야기한 바 있다. 아이를 방치하는 부모, 아이를 거부하거나 유기하는 부모, 아이를 소유하려 하거나 간섭하며 정서적으로 숨막히게 하는 부모, 지나치게 통제하는 부모가 이에 해당한다. 또한 완벽주의적인 부모, 지나치게 비판하거나 수치심을 주는 부모, 자기만 생각하는 부모도 여기에 속한다.

과도하게 아이를 통제하면서도 통제하고 있다는 사실조차 모르는 경우가 있다. 자주 화를 내고, 아이를 밀어내면서도 자신과 아이 또는 남편을 탓할 뿐 그 원인이 자신의 유년 시절과 부모에게 있다는 것을 알아채지 못한다. 오히려 "부모님은 최선을 다해 저를 사랑해 주셨어요"라고 말하면서 자신에겐 딱히 상처라고 할 만한 것이 없다고 믿는다. 분명한 것은 부모에게 충분한 사랑을 받았다면 아이를 지나치게 통제하면서 서로 부딪히거나 화를 낼 수 없다는 것이다. '화'와 '통제'는 결코 사랑의 언어가 아니기 때문이다.

상처가 있는 사람들의 공통된 특징 중 하나는 취학 전의 '기억'이 별로 없다는 것이다. 기억이 나야 내가 상처받았음을 알 텐데 그렇지 않으니 특별한 상처가 없다고 생각하는 것도 무리는 아니다. 하지만 기억하지 못한다는 것은 유년 시절의 환경이 어린아이가 감당하기에 힘들었다는 뜻이다. 고통 속에서 살아갈 수 없기에 우리의 뇌가 방어기제로써 기억을 지운 것이다. 나 역시 그랬다. 뭔가 되게 아프고 힘들었던 것 같은데 세세하게 남아 있는 기억이 얼마 없었다. 기억하지 못하는 습관은 성인이 되어서도 마찬가지인데 남편과 싸운 일은 특히 더 잘 잊는다. 싸우는 순간 '어떻게 나에게 저런 말을 할 수 있지?' 하고 충격을 받지만 불과 몇 초 만에 그 말을 잊어버린다.

상처는 선물이라고 했던가. 우리 부부가 지금까지 잘 지내고 있는 것은 어쩌면 나의 기억하지 못하는 버릇 때문인지도 모른다. 하지만 오랫동안 내 안에는 그 억울하고 서러운 감정이 남아 있었고 그 감정이 다시 건드려질 때면 아무것도 손에 잡히지 않았다. 때로는 '내가 드디어 미쳤구나' 싶은 생각이 들 만큼 나조차도 끓어오르는 내 감정들이 무서웠다. 어떤 경우에는 이런 감정조차 느끼지 못하는데 그 또한 상처로부터 자기 자신을 지키기 위한 방어기제 중 하나다.

보통 감정의 기복이 적은 사람을 정서가 안정된 사람으로 착각하는 경우가 많은데 이것은 반대로 감정이 과도하게 억눌려진 경우일 수 있다. 이 둘은 엄연히 다르다. 안정된 정서를 가진 사람은 마음이 편안한 반면, 감정을 억누름으로써 평온해 보이는 사람은 언제 터질지 모를 활화산을 가슴에 품고 있는 불안정한 사람이다.

부모의 사랑은 마치 태양과도 같아서 우리가 잘 자랄 수 있도록 언제나 우리를 비추었다. 사랑했기에 먹이고, 입히고, 학교에 보내고, 진자리 마른자리 갈아 뉘시며 궂은일도 마다하지 않고 키워주셨다. 하지만 사랑과 동시에 상처도 주었다. 형제 자매간의 차별, 끊임없는 근심과 걱정, 비난과 질타, 때로는 과도한 폭력과 폭언까지 아픔을 준 것 또한 사실이다. '아동 학대 가해자의 80퍼센트 이상이 부모'라는 조사 결과는 아이를 학대하는 사람이 다른 누구도 아닌 그 아이들의 부모라는 사실을 말해주고 있다.

사랑을 받았으니 잘못한 일에는 눈을 감아야 할까? 보살핌을 받았으니 과실은 덮어두고 가는 것이 옳은가? 보상을 받았으니 허물에 대해서는 영원히 함구해야 할까? 그보다는 고마운 건 고맙다고 표현하고, 틀린 것은 틀렸다고 말할 수 있어야 하지 않을까? 그것이 건강한 관계이자 건강한 사랑을 대물림할 수 있는 방법일 것이다.

그동안 우리에게 쏟은 부모의 노고에 반기를 들고 은혜를 원수로 갚자는 이야기가 아니다. 부모가 준 상처가 먹구름이 되어 나의 현재를 어둡게 만들고 있다면 한바탕 울고 불며 비를 뿌려야 다시 태양을 만날 수 있다는 얘기다. 흐린 하늘이 너무 오래 지속되면 태양이 있다는 사실을 잊어버리게 된다. 그러므로 부모와 내 아이, 남편 그리고 나를 진정으로 사랑하기 위해서라도 부모로부터 받았던 상처에 대해 말할 수 있어야 한다. 적어도 그때 나는 정말로 아프고 힘들었다는 것을 나 자신만큼은 알아줘야 한다. 그래야 지금 나와 아이의 문제가 풀린다. 사실 육아뿐 아니라 거의 모든 문제의 실마리가 풀어진다고 해도 과언이 아니다.

경험에 의하면 현재 육아가 힘든 사람들은 예외 없이 우울 증상이 있다. 임상에서 정확도가 높다고 인정받는 '번스 우울 진단표'를 통해 현재 나의 상태를 점검해보자. 진단 결과 우울 증상이 있다면 과거에 억눌러둔 내면아이를 들여다보면서 육아를 할 필요가 있다. 과거를 돌아보지 않는 것은 과거를 반복하게 하므로 꼭 필요한 과정이다.

아이가 버거운 엄마 엄마가 필요한 아이

[번스 우울 진단표]

지난 일주일 동안 각 항목의 증상들을 얼마나 겪었는지 모든 항목에
체크해보자(전혀 아니다 0 / 어느 정도 그렇다 1 / 보통이다 2 / 상당히 그렇다 3
/ 거의 그렇다 4).

생각과 감정	0	1	2	3	4
1. 슬프거나 침울하다.					
2. 불행하거나 마음이 답답하고 쓸쓸하다.					
3. 울음을 터뜨리거나 울먹인다.					
4. 기가 꺾이고 좌절감이 든다.					
5. 희망이 없다고 느낀다.					
6. 자아 존중감이 낮아진다.					
7. 쓸모없거나 무능하다고 느낀다.					
8. 죄의식이나 수치심이 든다.					
9. 내 잘못이고 내가 문제라고 생각한다.					
10. 결정을 내리기 힘들다.					
활동 및 대인관계	0	1	2	3	4
11. 가족, 친구, 동료들에게 관심이 없다.					
12. 외롭다.					
13. 가족이나 친구와 보내는 시간이 줄어든다.					
14. 어떤 행동이나 일을 할 의욕이나 이유를 느끼지 못한다.					
15. 일이나 그 밖의 활동에 흥미가 없다.					

	0	1	2	3	4
16. 일이나 그 밖의 활동을 피하게 된다.					
17. 인생에서 만족이나 즐거움을 느끼지 못한다.					
신체 증상	0	1	2	3	4
18. 피곤하다.					
19. 잠이 오지 않거나 잠을 지나치게 많이 잔다.					
20. 식욕이 떨어지거나 또는 지나치게 왕성하다.					
21. 섹스에 흥미가 떨어진다.					
22. 건강이 염려된다.					
자살 충동	0	1	2	3	4
23. 자살을 생각한 적이 있다.					
24. 삶을 끝내고 싶다.					
25. 자해를 계획해본 적이 있다.					
총점(1~25번까지 합산)					

* 자살 충동을 느끼는 사람은 꼭 정신건강 전문가를 찾아가 도움을 받아야 한다.

총점	우울 증상 정도
0~5	우울 증상 없음
6~10	정상이지만 불행하다고 느낌
11~25	가벼운 우울 증상
26~50	중간 수준의 우울 증상
51~75	심각한 우울 증상
76~100	극히 심각한 우울 증상

* 출처:《필링 굿》, 데이비드 번스, 아름드리미디어

아이가 버거운 엄마 엄마가 필요한 아이

어떤가? 내 마음은 현재 우울한가 아니면 우울한 증상 없이 화창하고 맑은가. 데이비드 번스는 자신의 저서 《필링 굿》에서 일주일에 한 번씩 이 표를 토대로 자신을 점검해보고 총점이 11점 이상인 경우가 몇 주간 이어지면 만성적인 우울로 판단하고 치료를 받아볼 것을 권한다.

혹시 이런 기준이라면 세상에 우울하지 않은 사람이 아무도 없을 것 같다는 생각이 들지 않는가? 하지만 단언컨대 그렇지 않다. 정말 많은 사람들이 감정을 억누르며 살아왔고 또 살아가기에 자신의 기분과 상태를 잘 모르고, 따라서 타인의 감정도 이해하지 못한 채 관계 속에서 힘들어한다. 생각보다 많은 사람들이 만성적인 우울 상태로 살아가고 있는 것이다.

육아는 육체적·정신적으로 노동 강도가 매우 높은 일이다. 아이의 말과 행동이 나조차도 모르고 있던 나의 내면아이를 끊임없이 흔들어 깨우기 때문이다. 육아에 대한 고민으로 이 책을 펼쳐서 읽고 있다면 그 자체만으로도 이미 노력하고 있는 좋은 부모라고 생각한다. 그러니 과도한 책임감과 죄책감은 내려놓고 아이와 함께 즐겁고 행복한 일상을 누리길 바란다. 이후에 제시하는 방법들이 조금이라도 당신의 삶을 가볍게 하고 더 나은 방향으로 가는 데 일조하길 기원한다.

양치기 소년

언덕 위에서 양 떼들이 한가롭게 풀을 뜯고 있었다.

지루해진 양치기 소년은 신나고 재미있는 일을 궁리하다가 마을을 향해 힘껏 소리쳤다.

"늑대가 나타났어요! 도와주세요! 늑대가 나타났어요!"

깜짝 놀란 마을 사람들이 삽과 곡괭이, 낫과 도끼를 들고 달려왔지만 소년이 장난친 걸 알고는 소년을 크게 꾸짖었다.

며칠 후, 다시 심심해진 소년은 한 번 더 "늑대가 나타났어요!" 하고 소리를 질렀다.

언덕을 향해 헉헉 숨을 몰아쉬며 올라오던 마을 사람들은 이번에도 소년의 장난에 속았음을 알게 되었다.

"계속 거짓말을 하고 어른들을 놀리다니, 그러면 못써!"

사람들은 양치기 소년을 호되게 나무랐다.

며칠이 지난 어느 날, 이번에는 진짜 늑대가 나타나 양들을 잡아먹으려고 했다. 놀란 소년이 다급하게 "큰일났어요, 진짜 늑대가 나타났어요!" 하고 외쳤지만 도와주러 오는 사람은 아무도 없었다.

생각 더하기

늘 궁금했다.

소년의 부모는 소년이 양을 치는 동안 무얼 하고 있었을까?

양을 칠 때마다 소년이 많이 심심해한다는 걸 알고 있었을까?

소년이 마을 사람들을 두 번이나 속였다는 사실을 알고 있을까?

만약 소년의 부모가 아무것도 모르고 있다면,

어쩌면 소년에게 거짓말은 부모의 관심을 끌기 위한 하나의 수단이 아니었을까?

2장

왜 나는 아이와의
놀이가 힘들까?

이끄는 대로 따라 와주지 않는
아이에게 화가 나는 엄마

어린 시절은 놀이와 모험으로 가득해야 한다.
훌륭한 인생을 살려면 행복한 것만으로 충분하지 않다.
잠재력을 키우고 발휘하는 능력을 확장하면서
행복한 것이 중요하다.
_ 에드워드 할로웰(Edward Hallowell, 하버드대학교 의과대학 교수)

휴~.
놀이가 아이에게 중요하다는 것쯤은 나도 알고 있어.
근데 안 되는 걸 어떡해.
노력해도 안 되는 걸 어떡하냐고.
아이와 어떻게 놀아줘야 할지 도무지 모르겠다고!

아이가 버거운 엄마 엄마가 필요한 아이

🌿 아이와의 놀이가 힘든 진짜 이유

한때 나는 '놀이 영재' '놀이 천재'로 불리던 시절이 있었다. 매일 아이들과 놀았던 이야기를 인터넷 사이트에 올렸더니 언제부턴가 그런 별명을 얻게 되었다. 그 놀이를 보고 따라 하는 분들이 많았고, 놀이에 관한 강연 요청뿐 아니라 책을 내자는 제안도 꽤 있었다. 하지만 그런 나 역시 아이들과의 놀이가 정말 힘들고 어려웠다는 걸 아는 사람은 그리 많지 않다. 말해도 믿지 않았다. 진짜 힘들었는데 말이다.

왜 아이들은 매번 나의 허용 범위를 넘어가는지, 왜 예상과 전혀 다른 방향으로 튀어 나가는지, 왜 잠도 자지 않고 준비해둔 놀잇감에는 눈곱만큼의 관심도 보여주지 않는지 참 미치고 환장할 노릇이었다. 하지만 포기할 수 없었다. 나의 결핍은 강력한 동력이 되어 아이를 잘 키우고 싶은 나를 멈출 수 없게 만들었다.

그렇게 큰아이가 백일 무렵일 때부터 본격적으로 시작한 놀이는 아이가 다섯 살쯤 되었을 때야 감이 오기 시작했고, 일곱 살쯤 되었을 때 '아, 이게 놀이구나!' 하는 깨달음이 왔다. 물론 깨달음이 왔다고 해서 그 후로 놀이가 쭉 수월했다는 뜻은 아니다. 그래서 안다. 놀이는 엄마 안에 있는 아주 많은 것들을 건드린다는 사실을 말이다.

어머님 한 분이 아이와 함께하는 놀이가 너무 힘들다는 고민을 내게 털어놓은 적이 있다.

● 아이와 놀아주는 것이 너무 힘듭니다. 아이의 발달에 있어 놀이가 중요하다는 것은 잘 알지만 놀아주려고 시도할 때마다 '아, 너무 힘들다. 도저히 못하겠다. 뭐가 이렇게 어렵지?'라는 생각만 듭니다.

○ 이 질문에 대한 답은 간단하지 않습니다. 사람마다 또 환경마다 놀이가 힘든 이유가 다 다르고, 때로는 아주 많은 이유가 복합적으로 얼기설기 얽혀 있기 때문입니다. 놀이를 시도하다가 '도저히 못하겠다'는 생각이 든다고 하셨는데 주로 언제 그런 생각이 드시나요?

● 놀이가 제 생각대로 흘러가지 않아요. 이렇게 저렇게 해보자고 아이에게 친절하게 말했는데 아이가 제 말을 듣지 않고 자기 하고 싶은 대로만 해요. 참고 참다가 결국엔 화를 내서 아이를 울리고, 이러려고 놀이를 시작한 게 아닌데 싶고, 이런 내가 정말 부족한 엄마 같고, 비참하고, 아이에게 미안해요. 놀아주는 것이 너무 힘드니까 자꾸 피하게 되는데 아이는 자꾸 심심하다며 놀아달라고 하니 놀아줘도 힘들고 놀아주지 않아도 힘들고 정말 괴롭습니다.

○ 충분히 이해됩니다. 비단 어머님만의 고민이 아니에요. 강연을 다니면서 만난 분들 중에 아이와 '놀이'하는 것이 힘들다고 얘기하는 분들이 정말 많았어요. 그분들과 조금씩 깊은 이야기를 나누어 보면

○ 저자 ● 양육자

결국은 그분들 가슴 안에 있는 상처받은 내면아이와 만나게 되더라고요. 아이와의 놀이가 계획대로, 뜻대로 흘러가지 않는다고 하셨죠? 그래서 화가 나신다고요. 이 말인즉 아이가 엄마의 말을 잘 따라주기를 바라는데 자기 생각대로만 하고 엄마 말을 들어주지 않아 힘이 드신 거네요.

- 네. 맞아요.

○ 눈을 감고 아이와 함께 놀이할 때 엄마의 말을 듣지 않는 아이의 모습을 떠올려주세요. 준비가 되셨다면 아이를 향해 제가 하는 말을 따라 해보세요. "내 말 좀 들어! 내 말 좀 들으라고! 넌 왜 이렇게 엄마 말을 안 들어!"

- "내 말 좀 들어! 내 말 좀 들으라고! 넌 왜 이렇게 엄마 말을 안 들어! 너 때문에 내가 돌아버리겠어. 내가 애쓰는 게 안 보여? 내가 이렇게 노력하는 게 안 보여?"

○ 잘하셨어요. 제가 따라 해보라고 한 말 외에도 마음속에서 올라오는 말들을 모두 뱉어보세요.

- "네가 하고 싶은 대로만 해? 어떻게 네 마음대로만 늘 다 하냐고!"

○ 자, 이번에는 어머님의 어린 시절을 떠올려보세요. 그때 하고 싶은 것이 있어도 마음대로 하지 못하고 참았습니다. 언제 그랬나요? 무엇을 하고 싶었는데 하지 못하고 참으셨나요?

- 늘 참았어요. 하고 싶다고 말할 수 없었어요. 엄마가 어느 날 갑자기 없어졌어요. 학교 다녀온 사이에 없어졌어요. 동생과 아무리 기다려

도 엄마가 오지 않아서 아빠에게 물었는데 대답이 없었어요. 매일매일 동생과 둘이서 학교를 마치고 돌아오면 시골 마을 입구에 있는 버스정류장에서 엄마를 기다렸어요. 며칠 만에 엄마가 돌아왔지만 엄마에게 뭘 해달라고 떼를 쓸 수가 없었어요. 무언가를 하고 싶다고 말할 수 없었지요. 나라도 엄마 말을 잘 들어야 엄마가 힘들지 않을테니까요.

○ 그러셨구나. 너무 마음이 아프네요. 지금 눈물을 흘리고 계시는데 그때 이야기를 조금만 더 들어봐도 될까요? 괜찮으시다면 다시 눈을 감고 동생과 둘이서 매일 버스정류장에서 엄마를 기다리던 초등학교 시절의 내 모습을 떠올려주세요. 그때는 옆에 나보다 더 어린 동생이 있고, 지나가는 사람들이 볼까봐 엄마를 불러보지 못했지만 지금은 할 수 있습니다. 그때의 내가 되어 그 순간 하지 못한 말을 뱉어보세요.

● "엄마, 보고 싶어. 빨리 집에 와! 내가 잘할게. 미안해, 엄마."

○ 많이 우셨는데, 기분이 좀 어떠세요?

● 제가 이렇게 많이 울 줄은 몰랐어요. 울 때는 몰랐는데 조금 부끄럽기도 하지만 뭔가 머리가 맑아지고 가슴에 꽉 막혀 있던 것이 뚫린 느낌이에요!

○ 용기 있게 정말 잘 해내셨어요. 우리 사회가 유독 타인의 시선을 의식하는 문화가 강하다 보니 자신의 생각과 감정을 드러내는 걸 많이들 어려워하세요. 그럼에도 불구하고 자신의 내밀한 경험을 털어

놓으며 상처받은 내면아이와 마주하고자 한 용기에 진심으로 응원의 박수를 보냅니다.

🌿 부모의 모습을 스펀지처럼 흡수하다

앞서 고민을 털어놓은 어머님은 아이와의 놀이가 힘든 이유를 내 계획대로 아이가 따라오지 않아서, 아이가 자신의 말을 듣지 않고 하고 싶은 대로만 해서라고 했지만 사실 마음속 깊은 곳에 '엄마, 가지 마. 내 옆에 있어줘'라는 자신도 몰랐던 상처받은 내면아이가 있었기 때문이다. 즉 엄마 옆에 같이 있고 싶고, 함께 놀고 싶은 마음이 억눌려지고 그로 인해 상처받은 내면아이가 지금 내 아이와 함께 놀이를 할 때마다 건드려지는 것이다.

이 밖에도 내 말을 듣지 않는 아이의 욕구를 억누르고 통제하고 싶은 내면아이가 있다. 어린 시절 "내 말 들어!"라고 외치는 엄마의 말에 반항 한번 못하고 따를 수밖에 없었던 억눌린 마음이 그 원인이다. 사실은 '나도 내가 하고 싶은 거, 내 맘대로 할래'라고 말하지 못했던 억눌린 감정이 자유롭게 놀고 싶어 하는 아이를 볼 때마다 건드려져서 소중한 내 아이에게 참고 참다가 화를 내게 되는 것이다. '나도 내 맘대로 하고 싶어' '나는 참았는데 너는 왜 못 참아! 너도 참아!'라는 감정이 들면서 말이다.

이 어머님께 평소 스트레스를 받거나 화가 날 때 아이에게 "제발 말 좀 들어, 왜 이렇게 말을 안 들어. 너 때문에 돌아버리겠어(자신의 상처를 대면하면서 했던 말이다)"라는 말을 하실 거고, 다시 돌아온 엄마로부터 어린 시절 이 말을 들으며 자랐을 거라고 하니 깜짝 놀란 얼굴로 '맞다'고 하셨다.

우리는 자신이 듣지 못한 말을 입 밖으로 뱉을 수 없고, 직간접적으로 경험해보지 못한 행동은 할 수 없다. 이것이 부모와 함께한 세월 속에서 나도 모르게 흡수해버린 부모의 뒷모습이다. 부모로부터 맞았던 사람이 아이를 때리고(때로는 부모에게 맞고 있는 형제자매를 곁에서 지켜보며 자란 경우에도 내 아이를 때리고 싶은 욕구가 올라온다), 비난받았던 사람이 비난하고, 통제받았던 사람이 통제하고, 외롭게 자란 사람이 내 아이를 외롭게 한다. 내가 과거에 경험했던 이야기가 가슴 아팠기에 내 아이만큼은 그렇게 키우지 않겠다고 다짐을 해도, 내 몸에 새겨진 흔적을 털어내기 전까지는 끊임없이 이 과정을 되풀이한다.

일상에서 아이에게 화를 낼 때 내가 '어떤 말을 사용하는지' 한번 체크해보자. 그러면 아이에게 화를 내는 내 모습에 자괴감을 느끼며 스스로에게 비난의 화살을 날리지 않고, 나 역시 어쩔 수 없었음을 수용하는데 도움이 되리라 생각한다. 당신의 잘못이 아니다. 그러니 과도하게 자신을 비난하지 않았으면 좋겠다. 이것이 지금 아이를 대하는 내 행동의 면죄부가 될 수는 없다 할지라도 나의 행동과 마음엔 다 이유가 있었다고 조금은 스스로를 위로해보았으면 한다.

억눌린 욕구와 감정은 무의식이 된다. 의식 저 너머 깊은 곳에 눌러 두었기에 내 안에 무엇이 있는지 알지 못한다. 그 억누른 감정이 성인이 된 후 소중한 내 아이와 주변 사람들에게 화로, 질투로, 외로움으로, 경멸로, 불안과 두려움으로 표출되면서도 왜 이런 말과 행동을 하는지 모른 채 술과 담배, 음식과 섹스, 일과 성공, 도박과 분노 등에 중독되어 나의 불편한 감정을 회피하곤 한다. 우리가 진짜 들여다보아야 할 '지금 내가 힘든 이유'를 짐작도 하지 못한 채 답이 없는 곳에서 답을 찾으려 한다. 그래서 삶이 자주 허무하고 외롭다.

앞서 소개한 분의 경우, 어린 시절 내가 하고 싶은 말과 행동보다는 엄마의 요구에 맞춰 나의 욕구를 눌러버렸다. 아마 우리 대부분이 그렇게 성장했을 것이다. 부모의 사랑이 절대적으로 필요했기 때문에 부모의 가르침을 수용할 수밖에 없었다. 또는 자라온 환경 속에서 말을 해봐야 소용이 없을 것 같아서, 부모님을 힘들게 하고 싶지 않아서 부모님을 기쁘게 해드리기 위해서, 착한 아이가 되어 사랑을 받고 싶어서 자기 욕구를 스스로 눌러버렸다. 그 억눌린 감정이 터져 나와야 하는 방향은 사실 부모임에도 불구하고(신을 믿는다면 신에 대해서도) 그러지 못하고 오랜 세월을 묵힌 후 내 아이와 남편을 향하곤 한다.

아이는 나를 괴롭히려고 태어난 것이 아니다. 남편은 나를 무시하려고 결혼한 것이 아니다. 그들 자신도 모르게 내 안에 잠들어 있던 내면아이를 흔들어 깨운 것일 뿐이다. 혼자서는 내 안에 어떤 상처가 있는지 알 수 없다. 빛이 있어야 그림자가 있듯이 비춰주어야 비춤을 받을 수 있다. 누군가에 의해 이렇게 비춰질 때, 내 안에 숨어 있는 어둡고 아픈 과거라는 지하실로 내려가 끈적끈적한 먼지에 쌓여 아무도 돌봐주지 않은 내면아이의 상처를 마주 보아야 한다. 너무 낡고 초라해서, 비참하고 더러워서 꺼내고 싶지 않다면 그대로 묻어두어도 좋지만 그 과거가 나의 현재를 지배하고 내 삶을 힘들게 한다면 용기를 내야 한다. 이것은 누구의 이야기도 아닌 나의 이야기고, 내 아이의 이야기가 될 테니까 말이다. 부모에게 원망과 비난의 화살을 쏘아대라는 것이 아니다. 내 안에 웅크리고 있던 내면아이의 아픔에 진심으로 공감해야 한다는 의미다.

"아이와 놀아주는 것이 정말 힘든데 나의 진짜 마음을 들여다보면 아이와 잘 놀게 될까요?"라고 질문하는 분들이 많다. 앞서 소개한 분도 표면적으로는 같은 고민을 가지고 있었지만 '나도 내가 하고 싶은 대로 할래'와 '엄마, 나랑 놀자. 가지 마, 나랑 같이 있어'라는 숨겨둔 마음이 있었다. 이 말을 입 밖으로 뱉으면서 펑펑 울고 나면(억눌린 감정이 분노면 분노, 질투면 질투를 고스란히 느껴야 한다) 과거에 상처받은 채 그대로 얼어버린 내면아이의 감정이 털어져 나가면서 몸과 마음이 가벼워진다. 이것이 상처받은 내면아이의 아픔을 털어내는 대면 과정이자 무의식을 정화하는 방법이다.

이러한 과정을 거치고 나면 아이와 놀이를 할 때 아이는 보통 때처럼 자기가 하고 싶은 것을 하더라도 내 안에서 무의식적으로 공명 되었던 상처가 날아갔기에 내 감정이 건드려지지 않는다. 물론 개인 차는 있다. 상처가 얼마나 오래, 강력하게, 반복적으로, 몇 사람으로 부터 이루어졌는지 혹은 한 가지 사건 아래에 얼마나 다양한 감정이 억눌려져 있는가에 따라서 한 번의 대면으로 해결되기도 하고, 더 많 은 시간이 걸리기도 한다. 하지만 대면할수록 점점 더 가벼워지는 것 만은 분명하다. 때로는 내 안에 있던 내면아이의 마음을 알아주는 것 만으로도 위로가 된다. '엄마가 다시는 안 올까봐 무서웠구나, 엄마 가 너무 보고 싶었구나, 참 많이 외로웠구나.' 그렇게 자각하고 알아 봐주며, 나를 토닥여주는 것만으로도 큰 힘이 된다.

그러니 아이를 키우는 동안 아이와 놀면서 화가 솟구칠 때마다 절 망하지 않았으면 한다. 어쩌면 이것은 상처받은 나의 마음을 들여다 보며 행복하고 자유롭게 살아갈 기회이기도 하니까 말이다.

✒ 아이와 즐겁게 노는 법

문제는 그렇게 억눌러둔 마음을 알아차리고 털어내기까지 시간이 걸린다는 데 있다. 내 마음을 알아차리고 돌보는 것도 만만치 않은데 그런 나를 기다려주지 않고 아이가 계속 놀아달라고 보채면 내면아 이와 내 아이 사이에서 어느 쪽도 마음 쓸 수 없는 상태가 되고, 점점 벌어지는 둘 사이의 간극을 메우는 일은 더욱 어려워진다. 이럴 때 어떻게 하면 아이와 슬기롭게 놀아줄 수 있을까?

① 내가 좋아하는 활동에 아이를 초대하기

세계적인 피겨스케이팅 선수 김연아와 세기를 초월한 음악가 모차르트는 각각 피겨스케이팅을 좋아하고, 음악을 중요시했던 부모의 영향을 많이 받았다. 어찌 보면 아이에게 맞춰 환경을 깔아준 것이 아니라 부모가 좋아하는 활동에 아이를 초대한 것이다. 물론 아이의 개성과 취향을 존중해주는 것이 더 좋지만 아이는 세상이 얼마나 넓고 다양한지 아직 잘 모른다. 부모와 함께 있길 원하고, 부모의 사랑을 받고 싶은 아이에게 부모가 좋아하는 활동을 함께함으로써 부모도 놀아주는 것이 좀 더 수월하고, 아이도 즐거울 수 있는 방법을 찾아보자.

내 경우 급성 허리디스크 파열로 움직이지 못하던 시기와 겨우 회복했을 때 아이들의 욕구를 모두 들어줄 수 없었다. 체력 또한 예전 같지 않아서 자주 누워서 쉬어야 했다. 이때 좋아하던 영화를 매일 한 편씩 보게 되었는데 엄마가 누워서 영화를 보니 세 아이도 쪼르르 곁으로 다가와 함께 보게 되었다. 내가 보려고 고른 영화였기에 아직 어린아이들에게 다소 선정적이거나 폭력적인 장면을 보여주게 되는 경우가 종종 있었다. 그러다가 이건 좀 아니라는 생각이 들어서 아이들이 볼 수 있는 전체관람가 영화나 애니메이션, 12~15세 관람

아이가 버거운 엄마 엄마가 필요한 아이

가 영화까지 정말 많은 영화를 보았다. 그러면서 자연스럽게 영화를 매개로 이야기를 나누고, 그와 관련된 책을 읽고, 놀이도 하며 영화 보는 시간을 점점 업그레이드했다. 산책이나 등산을 좋아하는 부모라면 아이와 함께 공원이나 야트막한 산을 걸어보고, 전시회 관람이나 음악 듣기, 악기 연주를 좋아하는 부모는 그와 관련된 활동을, 요리를 좋아하는 부모는 아이와 함께 요리를, 여행을 좋아하는 부모는 아이와 함께 여행을, 무언가를 만들거나 그리는 걸 좋아하는 부모는 또 그런 활동을 아이와 함께 해보기 바란다. 아이와 같이 집에 있을 때 유독 화가 올라온다면 바깥 활동을 많이 하는 것도 좋은 방법 중 하나라고 생각한다. 아이와 놀아주려고 하지 말고 내가 좋아하는 활동에 아이를 초대해 같이 놀아보자.

② 놀이 시간 정하기

아이와 놀다 보면 마음속으로 '이 정도 놀았으면 됐겠지?' 하는 마음이 올라온다. 한번 이런 생각이 들면 그때부턴 아이에게 집중하기 어렵고, 머릿속에선 해야 할 일들이 끊임없이 떠다닌다. 결국 "자, 이제 그만하자. 오늘은 여기까지!"라고 선언하게 되는데 이게 아이에게 먹힐 리가 없다. 재미있게 놀아주면 놀아줄수록 아이들은 더 매달린다.

평소보다 더 열심히 놀아주고 오래 놀아주었지만 내가 노력하면 할수록 아이들의 징징거림과 보챔은 내 안의 숨겨진 마음을 자극하고 기어이 화를 내며 놀이가 마무리된다. 아이가 울거나 내가 울어야 끝이 나는 네버엔딩 스토리, 매일이 좌절과 절망의 나날이다.

이럴 땐 처음부터 엄마와 함께 노는 시간을 정해두는 것이 좋다. 내 경우 유독 힘든 놀이가 역할 놀이와 상상 놀이였는데 수많은 시행착오 끝에 '시간 약속' 정하는 방법을 찾아냈다.

"엄마가 설거지도 해야 하고, 밥도 해야 되기 때문에 지금부터 딱 한 시간만 놀 수 있어. 저 시계 바늘 봐봐. 긴 바늘이 3에 가 있고, 짧은 바늘이 3을 조금 지나서 4 사이에 있지? 긴 바늘은 분을 가리키는데 숫자 3은 15분을 말해. 짧은 바늘은 시간을 가리키는데, 3과 4 사이에 있으면 3시야. 그러니까 지금은 3시 15분인데, 한 시간이 지나면 시계 바늘이 빙그르르 돌아서 4시 15분이 돼. 긴 바늘은 똑같은 위치에 있고, 짧은 바늘만 4와 5 사이에 있을 거야. 우리 딱 그때까지만 놀자. 알겠지?"

물론 그렇게 시작하고 칼같이 "이제 4시 15분이야. 끝!"이라고 하면 아이는 놀라고 당황하게 된다. 마치 재미있는 영화 한 편을 보다가 극이 클라이맥스에 이르렀는데 갑자기 누군가가 영화 상영을 끊어버리는 것과 같다. 이럴 땐 적어도 약속 시간 10분 전에 "벌써 시간이 이렇게 흘렀네. 이제 10분 남았어. 남은 시간까지 더 즐겁게 놀자"하며 아이들이 미리 마음의 준비를 할 수 있게 해주는 것이 좋다. 이렇게 배려해도 더 놀고 싶다고 우는 아이들이 있지만 정확한 한계를 그어주고 그 약속을 지켜나가다 보면 아이도 어느새 수용하게 된다. 중요한 건 이 과정에서 아이의 '감정'은 수용해주고 '행동'은 어디까지 가능한지 그 경계를 확실히 그어주는 것이다.

아이에게 모든 것을 줄 수 없고, 주지 않아도 된다. 엄마가 함께하지 않아도 같이 놀았던 시간과 경험을 토대로 아이는 자신만의 세상을 만들고 성취감을 느낄 테니까 말이다. 아이에게 한계를 정해주는 것은 정서적인 안정감과 더불어 자신을 찾아갈 기회를 제공하는 것이니 놀기 전에 미리 시간을 정하고 놀아보자.

③ 어떤 놀이를 하고 싶은지 아이에게 의견 물어보기

아이가 놀아달라고 하면 갑자기 가슴에 커다란 돌덩이가 올려진 듯 답답한 마음을 느끼는 분들이 있다. 이런 경우 대부분은 '무언가를 또 해야 한다'는 부담감이 마음의 짐으로 작용하기 때문이다. 이럴 때는 '엄마인 내가 아이를 위해서 무언가를 해줘야 한다'는 생각을 버리고 그저 아이를 따라가보는 것이 좋다. "그래? 같이 놀까? 엄마랑 무얼 하면서 놀고 싶어?"

그렇게 운을 떼우고 아이가 하자는 대로 따라가면 된다. 다만 '이거 해라. 저거 해라'라며 엄마의 통제를 받았던 내면아이(시키는 대로 하기 싫어)가 있거나 엄마와 가까이 붙어서 무언가를 해본 경험이 없는 내면아이(나랑 같이 있어줘)가 있는 경우라면 놀이를 하다가 과거에 억눌러둔 감정이 건드려질 수 있다. 그럴 땐 ①, ②에서 제시한 방법을 함께 섞어보는 것도 좋다.

'아이에게 내 짐을 떠맡기는 것은 아닐까' '나는 왜 이런 것도 못할까' 하고 과도하게 걱정하거나 자책하지 않았으면 한다. 아이가 엄마에게 놀아달라고 요청해왔고, 나는 지금 아이와 놀기 어려운 마음을 가지고 있으면서도 함께 놀아보려고 노력하는 좋은 엄마이기 때문이다. 또한 아이에게 "무엇을 하고 놀까?"라고 물어봄으로써 아이의 사고력을 기를 수 있고, 아이가 주도권을 쥐고 리더로 설 수 있는 기회도 주는 셈이다. 너무 많은 생각과 고민은 나와 아이 모두에게 도움이 되지 않으니 그러한 생각들을 내려놓고 몸을 움직이며 아이를 따라가보자.

만약 아이가 "몰라, 엄마가 생각해봐"라고 한다면 좌절하지 말고 또 다른 방법을 찾으면 된다. "그래? 엄마가 생각해볼까? 근데 엄마도 생각이 잘 안 나네. 어떻게 하지? 좋은 생각이 있다. 도서관이나 서점에 가면 놀이 방법을 잔뜩 써둔 책이 있는데 네가 그 책을 보고 엄마와 같이 하고 싶은 놀이를 골라볼래?"라고 말하는 것도 방법이다.

또는 아이의 나이에 맞는 다양한 지능개발 교구들, 이를테면 블록, 레고, 색칠하기, 퍼즐, 미로찾기, 숨은그림찾기, 틀린그림찾기를 비롯하여 칠교놀이, 러시아워, 구슬게임, 메모리게임, 오셀로, 루미큐브, 소마큐브, 부루마블, 젠가 등과 같은 보드게임을 구입해서 함께 놀아보는 것도 좋은 방법이다.

④ 부모 역할을 잠시 내려놓고 아이가 되어 놀기

지위와 역할이라는 것은 참 무서운 것 같다. 우리 역시 어린 시절을 보냈고 아이였던 때가 있었음에도 불구하고 막상 부모가 되면 아이의 욕구나 필요를 채워주어야 한다는 책임감과 의무감에 짓눌려 같이 즐기고 놀지 못한다.

만약 내가 좋아하는 활동을 아이와 함께할 수 있는 여건이 안 되고, 시간을 정하고 노는 것도 소용이 없으며, 무엇을 하고 놀지 아이에게 물어보는 것도 먹히지 않아 육아가 힘들게 느껴질 때는 그냥 잠시 어린 시절로 되돌아가 아이가 되었으면 한다. 내 안에 꽁꽁 숨겨둔 내면아이를 끄집어내어 지금의 내 아이와 똑같이 행동하며 놀아보는 거다. 현실은 잠시 잊고 그저 아이처럼 말하고 행동하면 된다.

엄마 (아이 목소리를 내며) 싫어! 나는 공룡 놀이 하기 싫어!

아이 (당황하며) 왜? 재미있어. 이거 하자.

엄마 싫어, 싫어! 어제도 했잖아. 어제도 하고, 며칠 전에도 하고, 오늘도 또 하고, 나는 재미없단 말이야. 싫어, 싫어! (버둥버둥 발을 굴려도 좋다) 왜 너는 네가 하고 싶은 것만 해?

아이 그래? 그럼 오늘은 네가 하고 싶은 거 하자. 뭐하고 싶어?

엄마 진짜? (이게 무슨 감정이지? 아이가 내 마음을 받아주는 것만으로도 마음이 녹아내리는 기분이야. 네가 하고 싶은 거 하자는 말이 왜 울컥하지? 동동동 발을 구르고, 흔들흔들 팔을 휘저었을 뿐인데 왜 가벼워지지?)

이 사례는 나의 조언을 실제로 실천해보신 분이 전해준 이야기다. 의외로 마음이 가벼워지고, 다시 아이를 배려하고 놀아줄 힘이 생기더라면서 말이다. 그러니 자신을 너무 부모라는 역할에 옭아매지 말고, 때로는 역할 체인지를 통해 어린 시절을 다시 경험해보자. 그러면 나도 모르게 억눌러둔 감정이 해소되면서 다시 아이와 즐겁게 지내볼 에너지가 올라옴을 느낄 수 있을 것이다.

⑤ 주변에 SOS 요청하기

유독 혼자서 모든 일을 감당하려는 사람들이 있다. '내가 참고 말지' 혹은 지나친 책임감으로 전의를 불태우며 이것저것 많은 일을 해내려 한다. 얼핏 좋은 결과물을 내기도 하지만 이런 시간이 지속되면 몸과 마음 전반에 걸쳐서 과부하가 온다.

우리의 감정은 신체화된다. 억눌린 감정은 내 안에 쌓이고 쌓여 마음뿐 아니라 육체에까지 전이되어 질병을 만들어낸다. 몸이 아파서 병원에 갔는데 정확한 병명이 없거나 별문제가 없다며 '스트레스'라는 답을 들었다면 반드시 마음(상처받은 내면아이)을 돌보라는 뜻으로 이해하면 된다.

또한 육체석·정신적으로 힘들면서도 혼자 과도한 짐을 지며 참다 보면 어느 순간 별것 아닌 일로 급발진을 하게 된다. 내 노력에 대한 보상을 바라거나 나의 수고를 몰라주는 사람에 대한 원망, 도와주지 않는 이들에 대한 분노를 표출하게 되는 것이다. 하지만 상대방 입장에서는 마른하늘에 날벼락을 맞는 셈이기 때문에 되려 화를 내거나 억울해할 수 있다. "진작 말을 하지" "혼자서 다 해놓고는 왜 이제 와 버럭 하지?" "내가 언제 그런 걸 해달라고 했냐?"면서 말이다.

아이에게 부모는 온 세상이자 지구이고 우주다. 그런 지구와 우주가 병이 들면 그 안에 살고 있는 아이도 아플 수밖에 없다. 아파서 누워 있는 엄마를 향해 유년 시절의 특권인 어리광을 부릴 수도 없고, 자신의 욕구를 드러내지 못한 채 일찍 철이 든다. 부모의 얼굴에 웃음을 띠게 하려고 자신의 얼굴엔 가면을 쓰게 되고, 그 가면이 두꺼워질수록 자신을 잃어간다.

그러니 혼자 감당하려 하지 말고 부부가 함께 협력해서 아이를 키웠으면 한다. 말해봐야 소용없다고 생각하거나 내 역할을 다하지 못한다고 자신을 탓하지 말고 집안일, 요리, 아이를 씻기거나 놀아주는 일 등 무엇이라도 도움을 주고받았으면 좋겠다.

이것은 배우자에게 아이와 함께할 수 있는 소중한 기회를 주는 것이고 나를 챙김으로써 결국엔 가정을 챙기는 것이다. 주말부부거나 남편이 외국에 나가 있거나 한부모 가정이라면 또 다른 사람에게 도움을 청해보자. 엄마가 웃어야 아이도 편하게 웃을 수 있다는 것을 명심하면서 말이다.

간혹 배우자나 누군가에게 도움을 요청하는 것이 좋을 것 같다는 조언을 드릴 때 아이가 엄마 외에는 아무에게도 가지 않는다며 힘듦을 하소연하는 분들이 있다. 다음 사례도 그런 경우였다.

● 둘째 아이가 아빠 곁에 가려고 하지 않습니다. 아이들이 아주 어렸을 때 큰아이를 재우는 동안 남편에게 둘째 아이를 봐달라고 부탁한 적이 있는데 너무 운다고 침대에 던진 적이 있어서 그런지 지금도 아빠를 무서워합니다. 저도 퇴근 후에 두 아이를 먹이고, 씻기고, 잠시 놀아주고, 책도 읽어주다 보면 슬슬 지치는데 그래도 아이들과 함께 시간을 보낼 수 있다는 생각에 여기까지는 괜찮습니다. 그런데 아이들 재우는 것도 제 몫이다 보니 어떤 날은 정말 힘들고 남편에게 화가 납니다. 아이가 남편에게 가지 않으니 뾰족한 방법은 없고 참 답답합니다.

○ 너무 힘드실 것 같습니다. 남편이 조금만 도와주어도 육아가 한결 수월해질 텐데 혹시 큰아이도 아빠 곁에 안 가나요?

● 아니요. 큰아이는 잘 갑니다.

○ 그래요? 그러면 둘째 아이부터 재우고 그동안 큰아이는 남편에게 부탁하면 될 것 같은데 큰아이를 먼저 재우는 이유가 있나요?

아이가 버거운 엄마 엄마가 필요한 아이

● 아, 제가 그 생각은 못했습니다.

○ 그래요? 저랑 좀 더 솔직한 이야기를 나눠보면 어떨까요? 괜찮으시다면 눈을 감은 채 제 질문에 너무 많이 생각하지 말고 가슴에서 올라오는 말을 그저 툭 뱉어주세요.

● 네, 해볼게요.

○ 왜 남편에게 큰아이를 맡기지 않나요? 둘째 아이는 아빠에게 안 가니까 못 맡기지만 큰아이는 가잖아요. 그럼 부탁할 수 있지 않나요? 둘째 아이를 재울 때까지 큰아이를 봐달라고 할 수 있잖아요. 그런데 왜 남편에게 요청하지 않지요?

● 저는 두 아이를 한 번도 다른 사람에게 맡긴 적이 없어요. 그냥 제가 데리고 있는 게 좋아요. 그래서 친정엄마한테도 아이들을 맡긴 적이 없어요. 남편과 시어머니도 마찬가지고요.

○ 그러니까, 왜 그런 거지요?

● 아이가 잘못될 것 같아서요. 또 제가 힘들게 만들어둔 루틴이 다 깨져서 하루를 망칠 것 같다는 불안감 때문이에요.

○ 루틴이 깨지면 어떻게 되는데요?

● 힘들어져요.

○ 힘들어질까봐 두려워서 힘듦을 모두 껴안고 있다는 건가요? 너무 마음 아픈 이야기네요. 힘들어지는 것이 두려워서 한 행동이 결국은 나를 힘들게 하고 있으니까요. 자, 다시 얘기해봅시다. 그동안 너무 힘들었지만 육아와 관련하여 일상의 리듬을 깨면 더 힘들어질까봐

남편은 물론 친정엄마에게도 도움을 요청하지 않았습니다. 왜요? 힘들다면서요. 하루 종일 직장에서 근무하고 너무 피곤하다고 하셨잖아요. 도대체 이게 몇 년째인가요? 이렇게 힘든데 왜 남편과 친정엄마에게 단 한 번도 아이를 부탁하지 못했나요?

● 다른 사람들을 못 믿겠어요.

○ 왜일까요?

● 엄마는 저보다 옛날 분이니 분유를 타거나 아이 씻기는 일 등을 잘하지 못할 것 같고, 남편은 아이가 조금만 울거나 보채도 짜증을 냈어요.

○ 분유를 잘 못 타면 어떻게 되는데요?

● 아이가 배탈이 나요.

○ 아이가 배탈이 나면 어떻게 되는데요?

● 아이를 아프게 한 친정엄마를 탓하게 될 것 같아요.

○ 친정엄마를 탓하면 어떻게 되는데요?

● 제가 친정엄마를 탓하는 건 괜찮은데 남편이 친정엄마를 탓하면 제가 그 말을 어떻게 듣고 있어야 할지 모르겠고, 속상해하는 친정엄마를 보면서 또 어떻게 해야 할지 모를 것 같아요.

○ 그건 남편과 친정엄마 두 사람이 알아서 할 일이에요. 왜 모든 것을 다 알아서 하려고 해요? 왜 아무도 믿지 못하나요? 혹시 살면서 누군가에게 배신당한 적이 있나요?

● (울먹이며) 실은 엄마가 중학교 1학년 때 집을 나갔어요. 아빠는 부모

역할을 전혀 못하는 사람이었고, 저는 저보다 세 살 어린 동생을 돌봐야 했어요. 학교에선 공부 잘하는 모범생이었고, 선생님과 친구들 모두 제 가정환경을 몰랐어요. 말하고 싶지 않았지요. 엄마가 없다는 게 너무 부끄러웠어요. 저 혼자 모든 걸 다 해야 했고 아무에게도 도와달라고 할 수 없었어요. 그 말을 하면 제가 무너질 것 같았거든요. 제가 붙잡고 있는 끈이 끊어지고 버티던 제 마음이 무너져버릴 것 같았어요. 그래서 정말 열심히 공부했어요. 아무도 저와 동생을 불쌍하게 보지 않도록 진짜 열심히 공부했어요. 그래서 좋은 대학에 가고, 좋은 직장도 얻었지요. 엄마는 우리를 버렸지만 엄마도 당시에는 그럴 수밖에 없었다는 것을 알고 있어서 취업 후에 제가 엄마를 찾았어요.

○ 그러셨군요. 많이 힘드셨겠어요. 울고 싶은 만큼 우세요. 그리고 당시에 가장 하고 싶었던 말들을 해보세요.

● "도와주세요. 너무 힘들어요. 저 좀 도와주세요!"

○ 아무에게도 도움을 요청할 수 없었던 상처받은 내면아이가 무의식 속에 자리 잡아 성인이 된 지금까지도 이어져 오게 된 것입니다. 가슴 아프지만 이렇게 과거로 돌아가 무의식에 남아 있는 억눌린 감정을 고스란히 느끼고 통과해야 합니다. 그래야 혼자서 다 짊어지지 않고 도움을 요청할 수 있으며 나도 모르게 모순이 되는 생각과 행동을 하지 않을 수 있습니다.

✨ 무의식은 운명이 된다

스위스의 의사이자 심리학자인 칼 융(Carl Gustav Jung)은 "무의식을 의식화하지 않으면 무의식이 우리 삶의 방향을 결정하게 되는데, 사람들은 이를 가리켜 '운명'이라 부른다"고 했다. 자신이 하는 말과 행동의 의미를 모르고, 어떤 상태인지 자각하지 못하는 '무의식'이 우리 삶의 방향을 결정한다니 정말 무서운 말이지만 이는 사실이다.

'내가 부족하다'는 내면아이를 가지고 있는 사람은 그의 사회적인 지위와 능력, 학벌에 상관없이 '부족한 사람'이란 굴레에서 평생을 살아간다. 또 '억울한' 내면아이를 가지고 있는 사람은 아무리 많은 돈과 멋진 배우자, 환경 속에 있어도 '나는 억울해'라는 프레임을 버리지 못하고 억울한 사람으로 살아간다.

내면아이는 억눌린 감정이고, 이것은 무의식이 되며, 무의식은 나도 모르는 사이에 내 믿음이 되어 무의식에서 의식으로 넘어와 현실을 창조한다. 우리가 계속 비슷한 감정을 느끼고, 비슷한 경험을 하는 이유가 바로 여기에 있다. 배신당한 사람은 살아가는 동안 계속 배신이 일어나고, 버림받은 사람은 계속 버려지며, 무능한 사람은 계속 무능함을 느끼고, 질투하는 사람은 계속 질투할 만한 사람이 나타난다. 또한 돈이 없는 사람은 계속 돈이 없는 상황에 놓이게 된다. '이런 건 정말 싫어' '그건 너무 힘들어' '나도 이러저러하게 살고 싶어'라고 아무리 생각하고 말해봐도 무의식에 그것이 자리하고 있는

아이가 버거운 엄마 엄마가 필요한 아이

한 언젠가 그것은 현실이 된다. 이 무의식을 바꿀 수 있는 방법은 억눌린 감정을 고스란히 느끼고 털어내며 공감해주는 것이다.

감정은 우리의 삶과 연결되어 있다. 공포는 위험으로부터 나를 지켜주고, 화는 나와 타인의 경계를 만들어준다. 또 우울은 내면에 집중하게 하며, 불안은 미래를 준비하게 하고, 부끄러움은 나를 반성하게 한다. 그러므로 잘못된 감정은 없다. 모든 감정은 옳고, 존중받아야 한다. 즉 감정은 억누르는 것이 아니라 느끼고 표현해야 하는 것이다.

감정을 내 마음대로 좋은 감정, 나쁜 감정으로 나누어서 나쁜 감정이라고 생각되는 것을 계속해서 억누르면 내 안에 병이 생긴다. 물론 감정을 느꼈다고 해서 모두 상대에게 퍼부어버린다면 내 안에는 병이 생기지 않겠지만 주변 사람들에게 고통을 주고 관계가 악화되어 결국 스스로를 고립시키고 외로워진다. 분노라는 감정은 특히 더욱 그렇다. 그러므로 감정은 인정하되 행동에는 나름의 기준과 한계를 정해두어야 한다. 안전한 공간에 혼자 있을 때 혹은 마음의 상처를 털어놓아도 믿을 수 있는 사람들에게 나의 감정을 마음껏 표현하는 것이 좋다. 그렇게 감정을 있는 그대로 느끼고 표현하다 보면 알아차리지 못했던 내 안의 무의식을 깨닫게 되고, 우리 삶의 방향을 나 스스로 선택할 수 있다.

비둘기와 까마귀

어떤 사람이 새장을 만들었다.

그리고 정말 멋진 비둘기 한 쌍을 새장에 넣어 키웠다.

비둘기 부부는 서로 사랑하며 많은 새끼 비둘기를 낳았다.

그런데 어느 날 갑자기 아빠 비둘기가 세상을 떠나고 말았다.

엄마 비둘기는 남편을 잃었지만 새끼 비둘기들을 생각하며 슬픔을 이겨내고자 했다.

그렇게 생각하고 보니 새끼 비둘기들이 정말 사랑스러웠다.

"예쁜 내 아이들아, 아빠는 세상을 떠나고 없단다. 하지만 엄마가 너희들을 정말정말 사랑하니 무럭무럭 자라서 훌륭한 비둘기가 되어라."

새장 밖에 있던 까마귀가 그 말을 듣고 코웃음을 치며 말했다.

"비둘기 아주머니, 훌륭한 비둘기가 되라고요? 새장에 갇혀서 어떻게 훌륭한 비둘기가 되지요? 아이들을 정말 훌륭하게 키우고 싶다면 먼저 새장에서 탈출하세요."

생각 더하기

어쩌면 우리는 아주 좁은 틈으로 세상을 바라보고 그것이 전부라고 믿는지도 모른다. 하지만 내 좁은 틀의 대가가 아이들의 몫이 된다면 그건 너무 슬프지 않을까? 아이에게 더 넓은 세상을 보여주고 싶다면 부모부터 편협된 생각에서 벗어나야 한다. 아이는 부모라는 창문을 통해 세상을 바라보기 때문이다.

3장

왜 아이가 어지를 때마다
화가 날까?

정리 정돈 혹은 청소와 관련된
상처가 있는 엄마

당신의 방은
당신 자신입니다.
깨끗한 방에
점점 행복이 찾아옵니다.
_ 마스다 미츠히로(Mitsuhiro Masuda,《청소력》의 저자)

맞아,
집을 깨끗이 청소하고 정리하는 건
정말 좋은 거야.
그런데 아이들이 자꾸 집을 어지럽히고
가지고 논 장난감을 제자리에 두지 않으니 화가 나.
잔소리를 해서라도 습관을 바로 잡는 게 맞겠지?

아이가 버거운 엄마 엄마가 필요한 아이

아이가 어지를 때마다 화가 나는 엄마

아이를 키우면서 힘들었던 것 중 하나가 청소와 정리 정돈 문제였다. 깔끔한 성격의 친정엄마 덕분에 나 역시 둘째 아이가 첫돌이 될 때쯤까지 온 집을 마르고 닳도록 치우고 닦았다. 그러나 아이들이 커감에 따라 각자의 생각과 욕구가 많아지고 그걸 다 펼치다 보니 그것은 내게 또 하나의 일거리가 되어 돌아왔다. 아이 둘이서 함께 어질러대는 것은 정말이지 감당하기 어려웠다. 게다가 "아이는 놀면서 자란다"는 책 속의 말을 실천하고 싶어서 여러 가지 놀잇감을 아이들에게 주었는데, 내가 주고는 내가 화를 내고 있던 적도 많았다.

"아니야, 그만. 여기까지만 해. 더러워, 거긴 안 돼! 지금 발에 물감이 묻었는데 그렇게 움직이면 어떻게 해. 일어나지마, 가지마, 안된다니까!"

즐겁게 놀자고 시작했지만 늘 울음으로 마무리되는 활동을 이어가면서 이건 아니라는 생각이 들었다. '뭐가 더 중요하지?' 집을 깨끗하게 하는 것과 아이들이 즐겁게 탐색하며 행복한 경험 속에서 자라는 것 가운데 후자에 조금 더 방점을 찍기로 한 그날부터 아이의 욕구도 존중하고 나의 욕구도 존중할 수 있는 방법을 찾기 시작했다.

엄마로 살다 보면 다 비슷비슷한 경험을 하게 되는 것 같다. 한번은 아이가 어지를 때마다 신경이 예민해진다는 분과 이런 이야기를 나눈 적이 있다.

● 아이들이 집을 어지르는 게 정말 싫습니다. 색종이나 물감을 주면 딱 그 자리에 앉아서 가지고 놀다가 끝냈으면 좋겠는데 색종이를 들고 방 안 여기저기를 돌아다니고, 물감 묻은 손으로 이것저것 만질 때마다 신경이 곤두섭니다. 또한 평소에도 옷을 꺼낸다며 장롱이나 서랍장을 헤집어놓거나 갈아입은 옷을 방바닥에 그대로 놔두는데 그럴 때마다 너무 화가 납니다. 아무리 "흘리지마, 어지르지마, 갈아입은 옷은 세탁실 바구니에 넣어"라고 말해도 소용이 없습니다. 아이들에게 정리 정돈 습관을 키워주려면 어떻게 해야 할까요?

○ 정리 정돈에 관한 이야기를 하기 전에 아이의 어지르는 행동이 내 안의 상처받은 내면아이를 건드렸다는 것이 중요합니다. 어린 시절에 어지르고 싶었던 욕구가 억눌려진 채 해결되지 못하고 그대로 남아 있는 것이지요.

과거에 내가 어지르지 못했던 이유는 크게 두 가지로 나누어볼 수 있습니다. 첫 번째는 어린아이라면 당연히 가지고 있는 본능에 따라 집 안 곳곳을 마음껏 탐색하며 여기저기 뒤져보고, 만져보고, 꺼내봐야 하는데 엄마가 깔끔한 것을 추구한다면 아이가 어지르는 것을 마냥 지켜볼 수 없습니다. 아이를 따라다니며 청소하고, 아이가 어지를 때마다 "한 번만 더 그러면 장난감을 다 갖다 버릴 거야"라고

아이가 버거운 엄마 엄마가 필요한 아이

협박하거나 "더러워, 이게 뭐니? 음식은 한자리에 앉아서 먹으라고 했잖아" 등의 잔소리를 하며 아이를 통제하게 됩니다. 그러면 아이는 어지르고 싶은 욕구를 억누른 채 성장하게 되지요.

두 번째는 어지르면서 자라야 할 아이가 어지르는 대신 청소를 하며 자랐을 경우입니다. 청소를 하는 이유는 여러 가지입니다. 무능한 아빠를 대신해 엄마가 경제활동을 할 때 엄마의 얼굴은 밝고 싹싹하기보다 삶에 쩌들어 피곤하고 힘들어 보일 가능성이 큽니다. 하루 종일 일하고 돌아온 엄마는 집에 와서도 밥이나 빨래 등 해야 할 일이 계속 남아 있습니다. 그렇게 힘들게 일하다 보면 아이들에게 신세 한탄을 하거나 집을 어질렀다고 화를 내게 됩니다. 이런 상황에서 아이는 자발적으로 힘든 엄마를 도와드리기 위해 엄마가 없는 동안 고사리 같은 손으로 청소를 합니다. 또는 엄마가 퇴근해서 오기 전까지 집을 싹 치워두라는 역할을 맡겼을 때 아이는 청소를 하게 됩니다. 이 외에도 엄마가 아프거나 엄마가 집에 없는 경우 대리보호자(아빠, 고모, 이모, 언니 등)에 의해 청소를 하는 경우도 있습니다. 결국 어지르지 못한 내면아이가 있는 것이지요. 어머님은 어떤 경우에 가까우세요?

● 두 번째요. 아빠가 일을 하시긴 했지만 친척의 보증을 잘못 서는 바람에 빚을 많이 떠안게 되셨나봐요. 어느 날부터 엄마도 일을 나갔는데 얼굴에 늘 짜증이 가득했어요. 퇴근하고 돌아오면 집이 이게 뭐냐고 잔뜩 화난 얼굴로 야단을 쳤고, 엄마가 오기 전에 어지른 걸

다 치워두라고도 했어요. 그런데 문제는 언니가 그 청소를 저에게만 시켰어요.

○ 그러셨구나. 잠시 눈을 감고 그때로 돌아가 당시에 하지 못했던 말들을 지금 여기서 해볼 수 있을까요? 먼저 그날의 기억을 떠올려 상상해보세요. 엄마는 분명 언니와 나에게 청소를 맡겼는데 언니는 그것을 다 나에게만 시키고 있어요. 장면이 눈앞에 그려지나요?

● 네. 언니가 방 청소를 다 해야만 밖에 나갈 수 있다고 해서 어쩔 수 없이 청소를 하고 있어요.

○ 참 속상했겠어요. 빨리 나가서 친구들과 놀고 싶은데 언니는 자기는 하지도 않으면서 청소가 끝나기 전에는 절대 나갈 수 없다고 화만 내고 있으니까요. 맞나요?

● 네, 빨리 나가서 놀고 싶어요. 제가 대충하면 언니가 다시 깨끗이 하라고 때리기도 하고, 못 나가게 옷을 잡아당기거나 문을 열지 못하도록 막아섰어요.

○ 그때는 어려서 언니에게 저항하지 못했지만 이제는 다릅니다. 지금 떠올린 그 장면 속에서 하고 싶었지만 하지 못했던 말들을 이제라도 마음껏 해보면 지난 상처를 극복하는 데 많은 도움이 될 거예요. 제가 하는 말을 따라 해도 좋고, 감정에 그대로 내맡기셔도 좋습니다. "싫어! 하기 싫어! 너도 해! 너도 청소해!"

● "싫어! 하기 싫어! 너도 해! 나 좀 가만히 내버려둬! 너는 왜 안 해? 너도 치워! 왜 나만 시켜? 네가 뭔데? 네가 엄마야? 왜 네가 어질러

아이가 버거운 엄마 엄마가 필요한 아이

놓은 것까지 내가 다 치워야 해? 네가 너무 싫어. 네가 내 언니인 게 너무 싫어. 나 좀 내버려둬!" 작가님, 화가 나요. 너무 억울해서 화가 나요.

○ 좋습니다. "억울해, 너무 억울해!"라고 말하면서 화를 내세요.

● "억울해, 억울해! 네가 뭔데 네 맘대로 해? 나 좀 내버려둬! 넌 사람도 아니야. 내가 다 갚아 줄 거야! 다 되갚아 줄 거야!"

○ 자, 그때의 언니 얼굴을 떠올리고 사과하라고 외쳐보세요.

● "사과해! 나한테 사과해! 엄마가 없을 때 동생을 돌보라고 했지, 네 맘대로 부려 먹으라고 했어? 왜 때려? 도대체 왜 때려? 엄마, 빨리 와! 언니가 자꾸 나 때려!" 눈물이 나요.

○ 네, 우시면서 언니에게 사과하라고 해보세요. 그러면 언니의 이미지가 변할 거예요. 언니가 사과할 때까지 해보세요.

● 언니가 사과해요. 너무 미안하다고 해요. 자기도 아팠다고, 자기도 힘들었다고….

○ 언니를 용서해주고 싶나요? 아니면 아직은 아닌가요?

● 용서해주고 싶어요. 언니도 엄마에게 많이 맞았어요. 언니도 많이 아팠을 거예요.

○ 네, 용서해주세요. 언니를 안고 용서해주세요. 우리가 억눌러둔 감정은 우리 몸속에 그대로 저장되어 있습니다. 너무 오래전 일이라 기억에서는 지워졌는지 몰라도 무의식에는 그대로 남아 있지요. 그러다가 과거와 비슷한 상황이 벌어지면 몸에서 즉각적인 반응이 일

어나게 됩니다. 때로는 짜증으로, 때로는 슬픔으로, 때로는 분노, 외로움, 미안함 등으로 말이지요.

내면아이를 알아차리는 것이 중요한 이유

아이에게 정리 정돈 습관을 심어주기 전에 엄마 안에 있는 내면아이를 먼저 들여다보아야 하는 이유가 있다. 일상에서 매번 반복되는 이 문제가 나의 내면에 관한 것임을 모르는 경우 엄마는 계속해서 아이에게 '네가 잘못해서'라는 메시지를 전달하기 때문이다. 정신을 차리고 나면 분명 후회하고 자책할 분노, 잔소리를 아이에게 거침없이 쏟아내면서 말이다(물론 정리 정돈 문제로 힘들지 않은 사람은 예외다).

이런 경우 아이가 집 안을 어지를 때 제발 좀 어지르지 말라고 수없이 얘기하고 큰소리를 쳐도 아이는 엄마의 말을 듣지 않는다. 왜냐하면 아직은 세상을 마음껏 탐색하고 싶은 본성이 더 강한 시기고, 힘들고 지루한 걸 견뎌낼 힘이 적으며, 엄마가 과도하게 화를 낼수록 정리하기보다는 위축되는 마음이 더 크기 때문이다. 빨리빨리 몸을 움직여서 치우기보다는 두려움에 몸과 마음이 굳어버리기 쉽고, 느릿느릿 움직이다 보면 엄마의 잔소리가 또 한 번 날아와 더 크게 위축되어버리기 때문이다. "빨리빨리 안 치워? 노는 사람 따로 있고 치우는 사람 따로 있어? 왜 그걸 여기에 넣어? 눈이 없어, 생각이 없

아이가 버거운 엄마 엄마가 필요한 아이

어?" 이렇게 다그칠수록 아이는 정리 정돈에서 더 멀어지게 된다. 설혹 엄마가 무서워서 치우더라도 가슴에는 큰 응어리가 생긴다.

하지만 내 안에 '어지르고 싶었던 내면아이'가 있음을 안다면, 그래서 지금 치우지 않고 어지르는 아이의 모습을 통해 억눌린 내 마음이 건드려진 것을 안다면 이제부터 새로운 이야기를 써내려갈 수 있다. '아, 어지르지 못하고 자란 나의 상처가 올라왔구나. 아이가 지난날의 내 상처를 보라고 신호를 보내고 있구나'라고 생각하면서 아이에게 흘러갈 분노를 멈출 수 있고, 나를 거쳐 아이에게 흘러갈 상처의 대물림 또한 멈출 수 있다.

물론 의식적으로 상처를 자각해도 자꾸 몸이 먼저 반응하여 아이에게 분노를 표출할 수도 있다. 그때는 억눌러둔 감정을 해제시켜야 한다. 앞서 소개한 사례와 같이 상상을 통해 상처받았던 그 지점으로 되돌아가 그때 하지 못한 말들을 이제라도 해보는 것이다. 우리의 뇌는 강력하게 상상한 것을 진짜라고 믿기 때문에 상상을 통해 과거의 기억으로 돌아가 내 안에 눌러두었던 감정을 다시 끄집어내야 한다. 그렇게 억눌렀던 감정을 표출하며 묵은 감정을 털어낼 때 비로소 우리는 반복된 상처에서 벗어날 수 있다.

경험에 의하면 이 방법은 아주 강력하다. 내 경우엔 아이들이 징징거리면서 말을 해올 때 꾹꾹 참는 것이 습관이었고, 이런 식으로 내 감정을 억누르며 아이를 달래주었다. 체력이 남아 있거나 기분이 좋거나 걱정이 없을 때는 아이들의 징징거림을 받아주었지만 그렇지 않을 땐 내 마음도 널을 뛰었다. 팔을 뻗어 아이를 안아주면서도 아이에게 보이지 않는 내 얼굴은 온갖 인상을 쓴 채 '제발 좀 그만해. 왜 이렇게 힘들게 하니? 아, 미치겠다. 다 놔두고 도망가고 싶다'라는 생각을 수십 번도 더 했다. 그러다 보니 아이를 놔두고 옆방으로 가버린 적도 있고, 현관 밖으로 도망친 적도 있었다. 내 안의 징징거리지 못하고 억눌러진 감정이 건드려진 것인지도 모르고서 말이다.

그런데 상상을 통해 엄마에게 화를 내고, 따지고, 울며불며 묵은 감정을 털어내고 나니 아이들의 울음소리와 징징거림이 더 이상 아무렇지 않았고 평온하게 들렸다. 심지어 아이의 슬픔이 온전히 공감되어 따스한 위로의 말을 전할 수도 있게 되었다. 또한 진심 어린 공감을 받은 아이는 그 전에 내가 의식적으로 노력해서 위로해주었을 때보다 훨씬 더 빨리 자신의 감정을 추스르고 일상으로 돌아왔다. 이것은 나의 개인적인 경험뿐 아니라 내가 만난 많은 사람들을 통해서 거듭 확인된 사실이다. 물론 여기까지 오는 데는 사람마다 걸리는 시간이 저마다 다르다. 상처가 많고 깊을수록 아무래도 더 많은 시간이 필요하다.

신기하고 놀라웠던 것은 사랑을 많이 받은 사람은 내면아이와 단 한 번의 대면만으로도 아이와 편안한 관계로 돌아선다는 사실이었다. 사랑의 힘은 정말 놀랍고 위대하다는 것을 육아를 하면 할수록, 사람들을 만나면 만날수록 새삼 느끼게 된다.

✣ 어지르는 아이와는 이렇게 놀아보자

어지르지 못한 엄마의 상처받은 내면아이에 대한 감정을 털어내는 동안 일상에서 정리 정돈 문제로 아이와 계속 부딪힐 때 슬기롭게 대처할 수 있는 몇 가지 방법을 소개한다.

① 마음껏 어질러도 되는 공간 만들기

아이들이 어렸을 때 집 안의 벽지마다 옮겨 다니며 낙서를 하기에 이곳저곳에 낙서하지 말고 한쪽 벽면에만 하라고 허용해준 적이 있다. 그렇게 벽면이 낙서로 가득 차면 그 위에 새로운 전지를 붙여서 마음껏 쓰고 그릴 수 있게 해주었더니 다른 벽의 벽지들은 깨끗하게 유지되었던 기억이 있다. 세 아이를 키우는 동안 여러 시행착오 끝에 알게 된 것은 아이의 욕구를 발산할 수 있도록 인정해주는 것과 동시에 다른 가족의 입장도 고려하고 배려할 수 있도록 상생하는 것을 목표로 세우면 해결책은 늘 찾을 수 있다는 것이었다. 정리 정돈 역시 마찬가지다.

놀이매트나 전지, 비닐 활용하기(아이도 좋고 나도 좋은 최선의 방법 찾기)

대표적인 방법 중 하나가 놀이매트를 활용하는 것이다. 울타리가 있는 동그란 형태의 놀이매트 안에서 아이가 마음껏 놀 수 있게 만들어진 제품인데, 방수 기능과 미끄럼 방지가 되어 있어 물감 놀이, 모래 놀이, 클레이 놀이, 밀가루 놀이 등 다양한 촉감 놀이까지 할 수 있다. 뒷정리를 할 때는 재료를 거둬내고 샤워기로 물을 뿌려주거나 닦아내면 되니 청소도 크게 어렵지 않다.

하지만 허리가 아프거나 몸이 힘든 경우에는 이 정도의 청소마저 힘들 수 있다. 이럴 때는 방바닥 가득 전지 혹은 장판 가게에서 저렴하게 구입할 수 있는 비닐을 깔고 그 위에서 놀게 하면 된다. 다 놀고 난 후에 전지와 비닐을 그대로 접어서 쓰레기봉투에 버리고 방바닥에 남은 놀이 흔적이나 물기는 걸레로 닦아주면 된다. 생각보다 뒷정리가 정말 쉬워서 많이 시도해본 방법이다.

만약 매번 전지를 사거나 비닐을 사용하고 버리는 게 돈이 아깝다면 놀이의 횟수를 줄이거나 놀이매트와 번갈아 활용하면 된다. 언제나 안 되는 이유를 찾기보다 어떻게 하면 아이도 흡족하고, 나도 만족할 수 있는지 계속 궁리하다 보면 방법은 찾게 마련이다. 물론 그 과정에서 겪는 시행착오는 앙꼬 없는 찐빵이 없듯이 반드시 존재한다. 해보지 않은 것을 익숙하게 해내기까지는 누구나 실수 또는 실패가 따른다는 것을 기억하고 그저 몸을 움직여 실천해보자. 후회 없는 내일을 위해서 말이다.

내 경우 아이와 처음 데칼코마니 놀이를 할 때 놀이책에 제시되어 있는 대로 달랑 A4 용지 한 장과 물감을 준비하여 놀기 시작했다. 그런데 말 그대로 난리가 났다. 종이 밖으로 끈적끈적한 물감이 삐져

아이가 버거운 엄마 엄마가 필요한 아이

나가 방바닥이 엉망이 되고, 아이는 물감 묻은 손과 발로 온 집을 뛰어다니는 통에 나를 아연실색하게 만들었다. 이러한 시행착오를 통해 다음번 놀이에서는 먼저 신문지를 깔고 그 위에 데칼코마니를 할 수 있는 A4 용지를 올려주었고, 아이의 스케일이 점점 커져감에 따라 그다음엔 전지 한 장, 그다음엔 전지 두 장, 다음번엔 전지 세 장을 깔고 놀았다. 놀이재료의 특성에 따라 밀가루 놀이는 전지 위에서 놀기보다는 비닐 위에서 놀게 하는 것이 더 좋다는 것을 깨달았듯이 이러한 시행착오를 통해 하나씩 배워가게 되었다. 그리고 언제나 핵심을 잊지 않으려고 노력했다. 아이도 만족하고 나도 만족할 수 있는 지점을 찾아보자는 것!

사실 처음에는 전지나 비닐을 깔아주면서도 그 위에서 온몸을 휘저으며 마음껏 노는 아이를 볼 때 속에서는 뜨거운 것이 올라왔다. 그럴 땐 아예 눈을 질끈 감아버리거나 옆방 혹은 부엌에 할 일이 있다며 자리를 피함으로써 아이에게 화를 쏟아내지 않으려고 노력했다. 눈에서 멀어지면 화가 덜 올라올 것 같아서였다. 그렇게 잠시 눈을 돌려 다른 곳에 다녀오면 때로는 더 큰 스케일로 엉망이 된 방을 보며 경악한 적도 있지만 이 방법은 나름 꽤 효과가 있었다. 그렇게 노력하다 보니 내가 깔아준 환경 속에서 자라는 아이들이 보였고, 아이들의 성장이 기쁘다 보니 인내의 열매가 달콤해서 노력하고 또 노력할 수 있었다.

작은 방 또는 욕실 활용하기(대화를 통해 허용 공간과 배려 공간 정하기)

아이가 놀이매트 안에서만 놀기에는 너무 커버렸거나 놀이의 종류 또는 아이의 기질과 특성상 매트 안에서 놀 수 없을 때는 작은 방 하나를 내어주는 것도 좋다.

"엄마는 너와 함께 놀고 싶고, 너에게 즐거운 경험을 많이 안겨주고 싶은데, 집 안 곳곳이 마구 어질러질 때 엄마도 모르게 자꾸 화가 나. 물론 그건 네 잘못이 아니야. 신기한 놀이재료를 보고 마음껏 탐구하고 싶고, 네 머릿속에 떠오르는 생각들을 온몸으로 펼쳐보는 것은 정말 멋진 일이니까. 그런데 그걸 알면서도 엄마는 자꾸 집이 더러워지고 집 안 여기저기가 엉망이 될 때 '아, 청소하기 싫어!' 하는 외침이 마음속에서 올라와 소중한 너에게 계속 화를 내고 네 마음을 아프게 하는 것 같아. 그러면 엄마도 속상하고 마음이 너무 아파. 그러니까 네가 뭔가를 만들고 싶거나 하고 싶은 것이 있을 땐 이 방 안에서만 했으면 좋겠어. 엄마를 도와줄 수 있겠니?"

이런 식으로 솔직하게 엄마의 마음을 표현하되 그 마음 안에는 너를 사랑한다는 메시지가 담뿍 담겨 있다면 그걸 싫다고 하는 아이는 없을 거라고 생각한다. 이 방법은 아이가 어지르는 것에 대해 엄마는 예민하지 않은 반면 아빠가 민감한 경우에도 효과적이다. 퇴근하고 왔는데 엉망진창이 된 거실을 보고 화를 내거나 불쾌감이 역력한 얼굴로 인상을 쓰는 남편이 있다면 아빠의 퇴근 시간이 다가올수록 엄마와 아이들은 긴장하게 되고 불안한 마음이 든다. 이럴 때 남편에게는 아이의 놀이 욕구를, 아이에게는 아빠의 깨끗한 공간에 대한 욕구를 전해주고 각각의 욕구를 모두 존중하여 방 하나만 마음껏 사용할 수 있게 한 다음 아빠가 귀가할 땐 그 방문을 닫아두면 된다. 보이지 않으면 확실히 화가 덜 올라오기 때문이다.

어질러도 쉽게 뒷정리를 할 수 있는 또 하나의 공간으로 욕실을 이용하면 좋다. 주로 물감 놀이를 할 때 유용한데 욕실 타일에 붓과 물감으로 마음껏 그림을 그리고, 손바닥 도장도 찍으면서 한껏 놀고 난 뒤에 샤워기로 물을 뿌려주면 깔끔하게 정리할 수 있다. 종종 물감에 따라 타일에 색이 배일 수 있는데 그럴 땐 욕실 벽에 비닐을 붙여두고 그 위에서 놀이 활동을 하면 된다. 어떤 분은 놀이매트를 아예 화장실로 가지고 들어가 신나게 논 다음 아이를 씻기기 전에 욕조 속에서 좀 더 놀게 해준 뒤 간단히 매트 정리도 하고 아이도 씻긴다고 하는데 이것도 참 좋은 방법인 듯하다.

② 때로는 어른보다 나은 아이의 지혜 빌리기

아이가 어리다면 아무래도 부모가 직접 나서서 여러 가지 문제를 해결해야 한다. 하지만 네다섯 살 정도만 되어도 아이는 그동안 쌓아온 생의 경험과 책 읽기의 힘, 관계 속에서 생각하는 능력을 키우게 된다. 즉, 지혜가 생기는 것이다. 그런데 부모가 여전히 아이를 어리다고 믿고 내가 다 해주어야 하는 존재, 교육을 시켜야 할 대상, 아이로

부터 배울 것이 없다는 편견 속에 빠져 있으면 부모와 아이 모두 얻는 것보다는 잃는 것이 많다.

어른인 부모는 아이들에 비해 신체적으로나 사회적으로 더 강하고 경험이 많은 것은 사실이지만 언제나 그렇지는 않다. 오히려 그동안의 경험으로 아이들보다 더 많은 편견과 닫힌 사고를 가지고 있기도 하다. 더군다나 흥분했을 때, 짜증과 화가 올라왔을 때(대부분 상처받은 내면아이가 건드려졌을 때)는 이성적이고 합리적인 사고를 하지 못하고 경주마처럼 질주해버린다. 시야가 가려진 말처럼 주변을 둘러보지 못하고 시선이 한 방향으로 고정된 채 폭넓은 사고와 문제해결력을 갖지 못하는 것이다.

나 역시 그랬던 적이 많다. 육아를 하면서 사고의 폭을 지속적으로 넓혀왔지만 한 번씩 감정에 휩쓸려 짜증내고 화를 내며 아이를 주눅 들게 하고 눈치 보게 했다. 체력이 떨어지거나 깊은 고민이 있거나 남편과 싸우는 등 컨디션이 좋지 않을 때는 더욱 그랬다. 나름대로 아이와 내 욕구 사이에서 균형을 맞추려고 노력했지만 아이들은 늘 내 예상을 뛰어넘었다.

한번은 아무것도 없는 텅 빈 놀이방을 만들어주고 바닥엔 비닐을 깔고 훌라후프 안에 점토를 넣어준 다음 마음껏 놀게 했는데 점토를 물과 섞어 질퍽질퍽한 흙탕 바닥을 만들어버릴 줄은 상상도 못했다. 정말이지 아연실색할 수밖에 없었다. 한 번씩 그러고 나면 아이들에게 점토 놀이 자체를 금지시키기도 했다.

아이가 버거운 엄마 엄마가 필요한 아이

그러던 어느 날 점토 덩어리와 물을 가지고 노는 아이들을 보면서 저녁 식사 준비를 했는데 갑자기 아이들의 웃음소리가 아주 크게 들려왔다. 순간 등줄기가 서늘해졌다. 분명 거대한 일이 일어나고 있음을 그간의 경험으로 직감할 수 있었다. 달려가 보니 흙물에 담근 발로 벽에 발도장을 찍고 있는데 순간 나도 모르게 '어!' 하는 외마디 비명이 나왔다. 그나마 그땐 내공이 조금 쌓였던 터라 순간적으로 비명을 뱉어내긴 했지만 화는 내지 않고 "엄마가 지난번에 청소해보니 너무 힘들었어. 그러니까 벽은 더럽히지 않았으면 좋겠어"라고 말할 수 있었다.

하지만 너무나 간절한 눈빛으로 벽에 발도장을 찍고 싶다고 말하는 아이들을 보며 내 주장만 할 수는 없었다. 그래서 아이들에게 "엄마는 청소가 힘들어서 너희들이 벽을 더럽히지 않았으면 좋겠고, 너희는 벽에 발도장을 너무 찍고 싶고… 그렇지? 서로의 의견이 완전 달라. 만약에 엄마와 너희의 욕구를 모두 만족시킬 수 있는 방법을 떠올린다면 너희가 원하는 걸 해도 좋아"라고 말했다. 잠시 생각하던 아이들은 정말 좋은 방법을 떠올렸는데 "벽에도 바닥처럼 종이를 깔자"라고 했다. 정말이지 전혀 생각하지 못한 방법이었다. 듣고 보니 너무나 간단한 그 방법을 나는 왜 떠올리지 못했을까 싶었다. 나중에 생각해보니 '청소는 정말 힘들다'는 마음이 너무 커서 내 시야가 좁아진 것이었다.

가끔은 아이의 생각을 빌려보자. 의외로 놀라운 아이디어를 제공

할지 모른다. 때론 그 방법이 엄마의 눈엔 엉터리처럼 보여도 막상 실천해보면 꽤 멋진 방법임을 알게 될 것이다. 만약 그 방법이 좋지 않다고 할지라도 아이들은 문제를 해결하기 위해 사고하는 과정을 거칠 것이고, 직접 실행했을 때의 효과를 점검하면서 안 되는 이유를 배우고 또 다른 해결책을 찾아보는 등의 과정을 통해 멋지게 자랄 것이다. 그러니 엄마 혼자서 문제를 다 해결하려고 하지 말고 아이에게도 의견을 낼 수 있는 기회를 줘보자. 아이가 너무 어릴 땐 남편이나 주변 사람의 지혜를 빌리는 것도 좋다.

③ 가구를 재배치하거나 새롭게 환경 바꾸기

칩 히스와 댄 히스 형제가 쓴 《스위치》란 책에는 대학교 개강 파티에 입고 갈 드레스가 작아져 다이어트를 결심하는 한 여대생이 등장한다. 6개월 안에 5킬로그램을 감량하겠다는 목표를 세우지만 3개월이 지나도 몸무게의 변화는 일어나지 않는다. 조급해진 여대생은 집 안에 있는 모든 그릇과 쟁반, 물컵까지도 작은 사이즈로 바꿔버린다. 그리고 정확히 3개월 뒤에 입고 싶었던 드레스를 입고 파티에 간다. 이와 같이 어쩌면 사람을 변화시키는 것은 개인의 의지가 아닌 환경의 문제일 수 있다.

이 부분을 읽으며 참 공감했던 것은 나 역시 이런 경험을 한 적이 있었기 때문이다. 10평이 조금 넘는 신혼집에서 세 아이가 태어났는데 화장실 크기가 정말 작았다. 그 비좁은 곳에 세탁기까지 놓여 있었고 구부리고 앉아야만 수돗물을 이용해 세수를 할 수 있었다. 자기 전에 아이들에게 아무리 양치질을 하라고 말해도 혼자서는 들어가기 싫었는지 말을 듣지 않았고, 나 또한 쭈그리고 앉아 세 아이를 한 명씩 양치질 시키다 보면 어느새 다리가 저려왔기에 양치질 문제는 늘 골치가 아팠다.

그런데 이사를 한 뒤에는 화장실이 넓어지고 거울이 달린 세면대가 있어서 목욕탕 의자를 밟고 올라가면 아이들이 자신의 치아를 보며 양치질을 할 수 있었다. 화장실 구조가 바뀌자 하루도 빼놓지 않고 즐겁게 칫솔질을 하는 아이들을 보며 상황과 환경의 힘이 정말 중요하다는 것을 깨달았다. 따라서 아이들이 어지를 때마다 화가 자주 올라온다면 환경을 한번 바꾸어보는 것도 좋은 방법이 될 수 있다.

동선 변화시키기

앞서 소개한 사례에서 아이가 옷을 갈아입고 난 뒤 세탁실 바구니 속에 옷을 넣지 않고 자꾸 방바닥에 널브러둔다면 약속을 지키지 않는다고 잔소리하기보다 아이가 잘 지킬 수 있는 환경을 만들어주는 것이 좋다. 이를테면 아이의 방 안에 바구니를 넣어두는 것이다. 아이를 탓하는 방법 말고 아이의 욕구나 어려움을 조금이라도 인정하고 보완해줄 수 있는 환경을 만들어준다면 일상이 한결 편안하고 부드러워진다.

상처와 결핍은 극과 극으로 흐르는 성질이 있다. 사랑이 부족하면 '사랑밖에 난 몰라'라며 사랑을 맹목적으로 추구하거나 '사랑 따위 난 필요 없어'라며 사랑을 외면한다. 돈이 없어 가난했다면 '돈이 최고야'라며 돈을 좇거나 '돈이 전부는 아니야'라며 돈을 회피한다. 이처럼 양극으로 흐르는 에너지는 모두 좋은 것이 아니다. 어지르지 못하고 성장한 사람 역시 어른이 되어 집을 아주 깔끔하게 유지하거나 물건을 여기저기 쌓아두고 집 안을 아무렇게나 정리하는 양극의 에너지로 흐를 가능성이 많다. 만약 후자라면 단단히 마음먹고 불필요한 물건을 모두 버린 뒤에 깔끔한 삶을 시작해보자. 《설레지 않으면 버려라》의 저자 곤도 마리에와 〈신박한 정리〉란 TV프로그램으로 유명한 우리집공간컨설팅 이지영 대표의 책과 영상 등 이 분야에 관한 도움이 되는 자료들이 많으니 참고하면 좋다.

나 역시 물건을 잘 버리지 못해 그렇지 않아도 비좁은 집에 늘 뭔가가 가득 쌓여 있었다. 1~2년 정도가 아니라 5년 이상 쓰지 않는 물건도 아깝다는 이유로 혹은 언젠가는 필요하다는 이유로 또는 추억이 담겨 있다며 버리지 못하고 쟁여두었다. 한참 나의 마음을 들여다보던 시기에 '왜 나는 5년 이상 사용하지 않는 물건들을 버리지 못하고 오히려 짐이 되고 있음에도 짊어지고 있을까' 고민해보았다.

버리지 못한 물건 중 하나는 더 이상 아이들이 찾지 않는 어린 시절 그림책이었는데 매일 밤 책을 읽어주면서 느꼈던 행복을 떠올릴 때마다 지금까지 살면서 그렇게 행복했던 순간이 없었다는 생각에 쉽게 버릴 수 없었다. 그렇게 내 마음을 알아차리고 나니 과거가 현재를 지배하게 하는 것은 어리석다는 결론에 이르렀고 비로소 그림책에 감사를 전하며 그것을 정리할 수 있었다.

상처가 깊을수록 물건을 버린 뒤 얼마 지나지 않아 다시 물건을 사 모으고, 또다시 정리하지 못하고 쌓아둘 수도 있지만 '안 하는 것보단 하는 것이 낫다'에 손을 들고 싶다. 청소나 정리 정돈이 힘들다면 상처 입은 어린 시절의 내 모습을 만나 대면해보는 것도 적극적으로 권해본다.

공간박스나 수납바구니 활용하기

컨디션이 좋지 않을 때 자잘한 물건들이 이곳저곳에 널브러져 있으면 평소보다 더 짜증이 난다. 이럴 땐 공간박스나 수납바구니를 활용해 비슷한 물건끼리 담은 뒤 라벨지를 붙여보자. 시야가 깔끔해지고 마음까지도 시원해진다. 그런 다음 아이에게 반복적으로 물건의 위치를 알려준 뒤 필요할 때 스스로 꺼내 쓰게 하고, 가지고 논 뒤에는 제자리에 갖다두는 법을 가르쳐주면 좋다. "우리 함께 정리하자. 파란색 블록만 바구니에 담아줘" "빨간색 블록 10개를 먼저 찾아오는 사람에겐 엄마가 청소가 끝난 뒤 말을 태워줄게" 등 아이의 나이에 따라 조그만 역할을 맡기거나 게임처럼 정리 정돈을 하게 하면 엄마의 수고를 덜 수 있다.

다만 이때 형제자매가 있다면 정리 습관을 가르치는 것이 쉽지 않다. 아무리 차근차근 정리하는 법을 알려주고 재미있는 놀이처럼 접근해도 청소하는 아이만 청소하고, 하지 않는 아이는 돌아다니며 더 어지르거나 놀기만 하는 경우가 많다. 그러면 정리하던 아이도 덩달아 정리를 멈춰버리고 결국 청소나 정리 정돈은 엄마의 몫으로 남게 된다.

이럴 때 "어지르는 사람 따로 있고, 치우는 사람 따로 있냐?"라며 화를 내기보다는 공간박스나 수납바구니 속의 물건을 스스로 꺼내어 사용하는 것만으로도 일일이 챙겨주는 수고를 줄여주는 거라며 위안을 삼았으면 한다. 엄마는 조금 힘들지만 누구는 치우고 누구는 옆에서 노는 상황을 반복하며 한 아이의 마음에 억울함이 생기도록 하는 것보다는 훨씬 낫다. 만약 엄마도 정리하는 것이 힘들다면 애초에 물건을 살 때 좀 더 신중하게 사는 것도 방법이다.

간혹 어려서부터 정리 정돈하는 습관을 길러주지 않으면 학교에서도 사물함과 책상 정리가 되지 않아 선생님께 혼이 날 거라며 염려하는 부모들이 있는데 그렇지 않다. 아이들은 집에서의 규칙, 학교에서의 규칙, 학원이나 도서관에서의 규칙 등 상황에 맞게 자신의 행동을 변화시킬 줄 안다. 아이의 정서가 자라나는 시기에 "세 살 버릇이 여든까지 간다"며 아이의 감정과 욕구를 억누르기보다는 아이들이 어느 정도 자라 열 살이 넘어가면 집안일을 가족 모두 분담하여 해보는 편이 더 낫다. 주말 아침에 식사 준비를 번갈아가며 하거나 평소 현관 앞 신발 정리, 청소기와 세탁기 돌리기, 쓰레기 버리기, 널브러진 책 정리하기 등 역할을 나누어 온 가족이 집안일에 참여할 기회를 주자. 습관은 그때 들여도 무방하다. 아이의 인생에서 늘 더욱 중요한 것은 부모의 사랑을 받고, 그 사랑을 느끼며 자라는 것이다. 이 점을 꼭 기억했으면 한다.

④ 밖에서 보내는 시간 자주 갖기

아이가 집 안을 어지르는 것이 보기 힘들다면 밖에서 함께 시간을 보내는 것도 좋은 방법이다. 하원 또는 하교한 아이와 놀이터에서 놀거나, 주말을 활용하여 박물관이나 과학관에 가보거나, 그 외에도 아이가 관심을 보이는 대상을 더 자세히 경험할 수 있는 곳에 가면 엄마의 스트레스도 줄고 아이에게도 도움이 된다.

많은 어머니들을 만나면서 알게 된 것 중 하나는 자신의 성장기에 여러 가지 이유로 가정환경이 좋지 않았을 경우, 무의식적으로 집에 있는 것을 힘들어하는 분들이 꽤 있다는 것이었다. 만약 자신이 여기에 속한다면 아이와 함께 집에 있으면서 자기도 모르게 짜증과 화를 반복하기보다는 차라리 밖에서 유익한 시간을 보내는 것이 더 낫다는 조언을 하고 싶다. 그렇게 놀고 난 후에 집으로 돌아와 욕조에 물을 받고 간단한 놀잇감을 넣어준다면 놀이와 동시에 샤워도 하면서 아이도 좋고, 엄마도 좋은 시간을 보낼 수 있다.

아이는 자라면서 시시때때로 변한다. 다양한 상황과 환경, 관계 속에서 화학 작용을 일으키며 변화하고 이에 따른 수많은 모습을 보여준다. 따라서 아이에게 효과가 있었던 한 가지 방법이 성장기 내내 적용되는 경우는 거의 없다. 단 일주일일지라도, 겨우 며칠만이라도 아이와 좋은 관계를 유지할 수 있는 방법을 계속 찾아보면서 다시 오지 않을 소중한 시간을 보냈으면 좋겠다. 지칠 땐 쉬어도 괜찮다. 멈추지만 않았으면 좋겠다. 아이를 키운다는 것은 더 큰 사랑을 배우고 나누며 부모 역시 새롭게 태어날 수 있는 값진 시간이기에 이 기회를 꼭 잡았으면 한다.

 ## 가르친다는 것과 통제한다는 것

아이들에겐 가르쳐야 할 것이 많다. 음식을 골고루 먹어야 건강해진다는 것과 일찍 자야 키가 큰다는 것, 외출하고 돌아오면 손을 씻고, 밥이나 간식을 먹은 후엔 양치질을 해야 한다는 것을 알려주어야 한다. 또한 친구들과 사이좋게 지내며, 어른을 만나면 인사하고, 날씨에 맞춰서 옷을 입고, 약속한 것은 지키며, 정해진 질서와 규칙을 잘 지켜야 한다는 것도 가르쳐주어야 한다. 그뿐 아니라 바른 자세로 앉고, 고자질은 하지 말고, 누군가를 때리거나 거짓말하지 말고, 징징거리면서 말하는 것은 좋지 않으며, 남에게 폐를 끼쳐서는

아이가 버거운 엄마 엄마가 필요한 아이

안 된다는 것을 일러주어야 한다. 아이가 조금 더 자라면 학생으로서 지각하면 안 되고, 숙제는 꼭 해야 하며, 게임보다 공부에 집중해야 한다는 것도 일깨워주어야 한다. 정말이지 가르쳐야 할 것이 너무 많다.

문제는 많은 부모들이 가르친다는 명목으로 아이의 욕구를 통제하면서 '그렇게 행동하면 안 되는데 그걸 모르다니 이건 다 네 잘못이야'라는 메시지를 주고, 아이를 윽박지르거나 화를 내는 데 있다. 그건 통제와 명령이지 가르침이 아니다. 통제에는 '내 말이 맞으니까 너는 무조건 들어'라는 일방적인 강압이 있고, 가르침에는 '이렇게 하면 너에게 도움이 되니 내 말대로 한번 해보자'라는 권유가 있다. 통제에는 타협과 공감이 없고, 가르침에는 대화와 기다림, 공감이 있다. 이렇듯 통제와 가르치는 것은 엄연히 다르다. 통제로 아이의 행동을 고칠 수는 있어도 그와 동시에 아이의 영혼에 상처가 남는다는 것을 기억해야 한다.

과거에 우리는 대부분 통제로써 가르침을 받으며 자랐다. '때려서라도 가르쳐야 한다'는 말이 있는 것처럼 가르칠 건 가르쳐야 한다는 굳은 믿음이 있었다. 물론 틀린 말은 아니다. 가르칠 건 가르쳐야 한다. 폭력적인 행동을 해서는 안 되고, 다른 사람의 물건을 빼앗아서는 안 된다는 것을 반드시 알려주어야 한다. 하지만 해서는 안 될 행동을 가르치기 위해 부모 역시 결코 해서는 안 될 행동이나 욕설, 날카로운 비난이나 분노를 앞세운다면 그것 자체가 모순이라는 점을 깨달아야 한다. 거기까지 생각하지 못하고 오직 가르치겠다는 일념으로 잘못된 방식의 교육을 하고 있다면 그 피해는 고스란히 내 아이와 배우자가 떠맡게 된다는 사실도 말이다.

🦋 우리 안에 통제받은 어린 아이가 있다

아이러니한 것은 다른 사람들에게 폐를 끼치지 않고, 많이 양보하며 착한 아이로 성장한 부모들 중에 통제 욕구가 강한 사람들이 많다는 것이다. 얼핏 들으면 '착한 부모'란 말과 '통제'라는 단어는 전혀 어울리지 않는다. 하지만 착한 사람들은 나도 모르게 주변 사람을 통제하려는 경향이 있고 이는 명백한 사실이다. 이들이 주로 통제하는 것은 가족인데, 대부분 스스로 전혀 알아차리지 못하고 "왜 엄마(당신) 마음대로만 해!"라는 아이와 배우자의 비난에 억울한 표정으로 치를 떤다. '어떻게 그런 말을 할 수 있느냐'면서 말이다.

착하다는 말은 자신의 욕구를 억누르고 상대에게 맞춰왔다는 뜻이다. 다시 말해서 스스로를 잘 통제해왔다는 의미다. 자신을 통제해온 사람은 기본값이 통제라서 타인에게도 나와 같은 기준을 강요한다. 오랜 세월 동안 억누르는 것이 습관이 되어 그것이 통제인지도 모른 채 당연한 것으로 여기면서 말이다. 타인은 내가 아니기에 나와 다른 생각과 욕구, 감정을 가질 수 있다는 것을 머리로는 알지만 마

아이가 버거운 엄마 엄마가 필요한 아이

음으로는 수용하지 못한다. 결국 이런 경우 '나는 맞고, 너는 틀렸다'는 논리를 펼치며 이것이 얼마나 폭력적이고 강압적인 사고인지 본인은 전혀 알아차리지 못한다.

물론 이것은 착한 아이로 성장한 사람의 잘못이 아니다. 그 역시 한때는 통제를 당하던 사람이었다. 어린 시절 부모의 성난 가르침에 저항할 수 없었거나 힘든 부모의 모습을 보면서 스스로 자신의 욕구를 억누르다 보니 통제가 당연해진 것이다. 정해진 시간에 칼같이 자야 하고, 일어나면 바로 씻어야 하고, 반찬은 가려 먹어서는 안 되고, 결석이나 지각은 절대로 해서는 안 되는 행동이 된 것이다. 거기에 의문을 품거나 반기를 들면 '어떻게 그런 말도 안 되는 생각을 하느냐'고 공격적인 비난과 분노의 메시지를 들으며 자란 것이다. 그렇게 자라서 부모가 되었기에 이 당연한 것을 내 아이가 따르지 않고 저항해오면 내 안의 통제받은 내면아이가 견디지 못하고 화를 내게 된다. 따라서 안타깝지만 이렇게 자신을 통제해온 사람은 타인도 통제하게 된다.

나도 그랬다. 나만큼 착하게 살면 법도 필요 없고 사회문제도 일어나지 않을 거라고 장담할 만큼 착한 아이로 성장했다. 살면서 만난 많은 사람들에게 착하다는 말을 들었고, 나보다 더 착한 사람은 몇 명 없을 거라는 생각을 스스로 하기도 했다(참 이상하지 않은가? 착함과 교만도 양립할 수 없는 단어처럼 보이는데 내 안엔 내가 제일 착하다는 교만이 자리하고 있었다). 그런 나에게 남편은 한 번씩 "왜 나를 당신 마음대로 통제하려고 해? 왜 당신 말만 옳다고 생각하는 거야?"라는 말을 해왔는데 이런 말을 들을 때마다 가슴 깊은 곳에서 억울함이 올라와 미칠 것 같았다. '내 맘대로 하려 한다니, 내가 얼마나 다른 사람을 배려하며 내 욕구를 가장 뒤로 미루는데 저런 말을 할까. 날 조금이라도 챙기고 그런 말을 들으면 억울하지나 않지'라며 부들부들 떨었다.

하지만 상대의 말과 태도에 이렇게 감정적인 반응을 보인다는 것은 내 안에 이미 억눌려진 감정이 가득하다는 뜻이고, 그것은 현재가 아닌 과거에서부터 쌓아온 것이란 사실을 알아야 한다.

세상에 절대적으로 해야 하는 일은 없다. 음식을 골고루 먹는 것이 건강에 좋지만 모든 끼니를 그렇게 먹지 않아도 된다. 밥을 먹고 양치질을 해야 하지만 하루 세 끼 반드시 그렇게 할 필요는 없다. 또한 밥을 먹고 간식을 먹으면 좋지만 때로는 간식을 먼저 먹고 밥을 먹어도 된다. 바깥 날씨가 추울 땐 옷을 두껍게 입고 나가야 감기에 걸리지 않지만 한두 번쯤 얇게 옷을 입고 나가도 별문제가 없다. 혹시 그러다가 습관이 될까봐 초반부터 제대로 가르쳐야 한다고 생각하는가. 그렇다면 그것은 두려움일 뿐이다. 경험해보지 못해서 막연하고 과도하게 두려움을 움켜쥐고 있는 것이다.

오히려 '추운 날 옷을 얇게 입고 나갔더니 정말 춥더라'는 사실을 아이가 직접 느껴보아야 다음부터는 엄마의 긴 잔소리 없이도 옷을 따뜻하게 입는다. 나그네의 겉옷을 벗겼던 것은 차가운 북풍이 아니라 따스한 태양의 입김이었듯이 사람을 변화시키는 것은 오직 '사

아이가 버거운 엄마 엄마가 필요한 아이

랑'임을 알았으면 한다. 아이가 경험을 통해 배울 수 있도록 시간과
기회를 주자. 또한 규칙은 최소한으로 정해두어야 잘 지킬 수 있다는
것도 기억하길 바란다.

세 자매 길들이기

탈무드에 나오는 이야기다.

옛날 어느 마을에 결혼 적령기의 아름다운 세 자매가 살고 있었다.

하지만 아버지는 세 딸들을 볼 때마다 한숨을 내쉬었다.

세 딸들의 안 좋은 버릇이 온 동네에 소문나 있었기 때문이다.

큰딸은 무척 게을렀다. 밥도 누가 떠먹여줘야 했고, 청소를 시키면 동생들에게 미루며 꼼짝도 하지 않았다.

둘째 딸은 수시로 물건을 훔쳤다. 옷, 가방, 신발, 책, 거울 등 둘째 딸의 방은 훔쳐 온 물건들로 가득했다.

막내딸은 남을 험담하길 좋아했다. 없는 이야기도 지어내며 남을 헐뜯었다.

세 딸 모두 아버지가 아무리 훈계하고, 야단치고, 타일러도 소용이 없었다.

그러던 어느 날, 이웃 마을에 살고 있던 부자가 찾아와 자신의 세 아들과 세 딸을 결혼시키자고 했다. 아버지는 딸들의 나쁜 버릇 때문에 차마 그럴 수 없다고 했는데, 부자는 딸들의 나쁜 버릇을 고칠 수 있으니 걱정하지 말라고 했다.

결혼식 다음 날, 부자는 큰며느리에게 여러 명의 하녀를 두게 하여 마음껏 게을러질 수 있도록 허용해주었다. 둘째 며느리에게는 창고 열쇠를 주며 쓰고 싶은 것을 마음껏 쓸 수 있게 해주었다. 막내며느리에게는 "오늘은 누가 무엇을 잘못했느냐?"라고 물으며 그녀가 하고자 하는 이야기를 다 들어주었다.

일 년 뒤, 아버지가 딸들을 찾아갔을 때 세 딸들은 완전히 다른 사람이 되어 있었다. 누워만 있는 것도 힘들던 큰딸은 부지런한 살림꾼이 되어 있었고, 갖고 싶은 것을 다 가져 보니 욕심이 사라진 둘째 딸은 가난한 사람에게 물건을 나눠주며 베푸는 삶을 살고 있었다. 더 이상 헐뜯을 것도 없을 만큼 타인을 욕하던 막내딸은 재미있는 이야기꾼이 되어 아름다운 이야기를 사람들에게 들려주고 있었다고 한다.

생각 더하기

사람을 변화시키는 것은 비난과 훈계, 엄격한 통제와 훈육이 아니라 있는 그대로의 모습을 존중해주는 것이다. 다만 우리가 경험하지 못해서 믿지 못할 뿐….

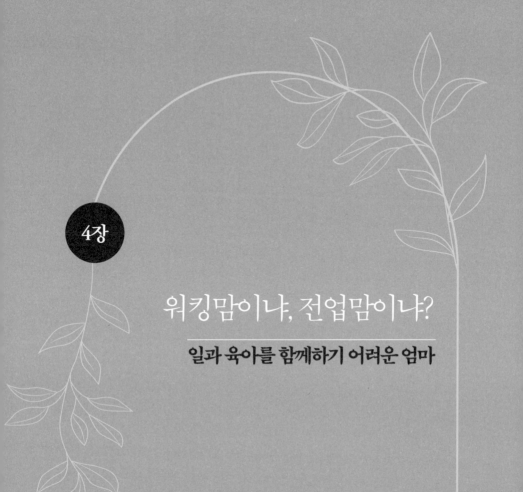

4장

워킹맘이냐, 전업맘이냐?

일과 육아를 함께하기 어려운 엄마

결코 후회하지 말 것,
뒤돌아보지 말 것을 인생의 규칙으로 삼아라.
후회는 쓸데없는 기운의 낭비다.
후회로는 아무것도 이룰 수 없다.
단지 정체만 있을 뿐이다.

_ 캐서린 맨스필드(Katherine Mansfield, 뉴질랜드 소설가)

나도 그러고 싶다고요.
후회를 좋아하는 사람이 세상천지에 어디 있겠어요?
그런데 자꾸 후회되고, 아이에게 미안한 걸 어떻게 해요.
짜증 내지 말걸, 소리 지르지 말걸, 한 번만 더 참을걸.
나도 너무 힘들어요.

아이가 버거운 엄마 엄마가 필요한 아이

🌿 워킹맘의 고민

지난 20년간 사회가 빠르게 변화함에 따라 일하면서 아이를 키우는 엄마들이 상당히 늘어났다. 강연장에서 듣는 질문 중 끊임없이 등장하는 것도 '육아냐 일이냐'에 관한 것이다. 아이에게 보다 나은 환경을 만들어주고 싶은 부모의 마음은 자신의 커리어가 우선인지 아이가 우선인지를 두고 늘 선택의 갈림길에 서 있다. 이러한 고민은 어린이집 또는 유치원에서 사건 사고가 발생하거나 책, 언론에서 36개월까지가 아이의 발달에 있어 매우 중요하고, 취학 전 7세까지가 아이의 정서에 큰 영향을 미친다는 내용을 접할 때마다 더 깊어지는 듯하다.

아무래도 워킹맘과 전업맘의 가장 큰 차이는 아이와 함께하는 '시간의 양'일 것이다. 엄마가 집에 있으면 아이의 얼굴을 한 번 더 볼 수 있고, 책이라도 한 권 더 읽어줄 수 있고, 아이의 이야기에 좀 더 귀 기울일 수 있으며, 아이와 함께 나들이나 산책도 한 번 더 다녀올 수 있다. 워킹맘과 전업맘 사이에서 고민하는 이유는 이렇게 아이와 함께하는 시간들이 아이의 성장에 도움이 되리란 생각이 있기 때문이다.

다음에 소개할 사례도 이와 관련된 이야기다. 하지만 지극히 평범한 질문 아래에 어린 시절의 상처가 깊이 자리하고 있다는 것을 아는 사람은 많지 않다.

- 직장에 다니고 있습니다. 평일에는 퇴근하고 돌아와 아이들을 씻기고, 먹이고, 집안일 좀 하고 나면 남는 시간이 한 시간이 채 안 됩니다. 겨우 아이들에게 책 몇 권을 읽어주고 재울 수 있지요. 주말에는 식구들끼리 밖에 나갔다가 돌아오면 어느새 한 주가 다 가더라고요. 그러다가 우연히 작가님의 책을 읽고 책에서 배운 대로 실천했더니 아이들이 달라지는 게 보였습니다. 짜증도 덜 내고, 서로 싸우는 것도 줄어들고, 시시때때로 "엄마, 사랑해" "고마워"란 말도 하고요. 그러다 보니 아이들 곁에서 좀 더 신경을 써주고 싶어 휴직하고 싶은 마음이 올라옵니다. 예전에도 같은 고민을 하다가 맘을 접었는데 다시 고민이 돼요. 아이들을 생각하면 휴직하는 게 좋을 것 같은데, 그러면 복직할 때 제가 원하는 지역으로 발령을 못 받을 수도 있어서 쉽게 결정을 못하겠어요. 이 문제로 며칠 동안 잠을 못 잘 정도로 고민입니다.

○ 대답을 드리기 전에 몇 가지만 여쭤볼게요. 퇴근하고 돌아오면 아이들과 함께할 시간이 한 시간이 채 안 남는다고 하셨는데 퇴근 시간이 많이 늦나요?

- 아니요. 퇴근은 오후 5시쯤인데, 유치원 마치고 시댁에 가 있는 아이들을 데려와야 해서 시댁에 들렀다 집에 오면 6시쯤 됩니다.

○ 집에 오면 오후 6시고, 아이들을 챙기고 집안일 좀 하고 나면 아이

들과 함께할 수 있는 시간이 한 시간쯤 남는군요. 혹시 아이들이 일찍 자나요?

● 보통 밤 9시 30분쯤부터 책을 읽어주고 10시에는 재워요.

○ 지금 어머님의 고민은 아이들을 생각하면 휴직하고 싶지만 복직했을 때 원하는 곳으로 발령받지 못할까봐 걱정이 되신다는 거지요? 원하는 지역으로 발령받지 못하면 어떻게 되나요?

● 출퇴근 시간이 더 길어져서 스트레스를 많이 받게 될 것 같아요. 지금도 아이들과 함께할 시간이 부족한데 같이 있는 시간이 더 줄어들고, 결국은 아이들에게 짜증을 더 많이 내게 될 것 같아서 걱정돼요.

○ 그런데 이것은 머리로 생각하는 문제점들이지 어머님의 진짜 마음이 아니에요.

● 그런가요?

○ 네, 진짜 마음을 한번 찾아가볼까요? 앞에 나열한 이유 중에서 어머님은 출퇴근 시간이 더 길어진다는 것이 스트레스인가요, 아니면 아이들과 함께할 시간이 줄어드는 것이 스트레스인가요, 아니면 아이들에게 짜증을 더 많이 내게 될 것이 스트레스인가요? 고민되는 부분을 좀 더 자세히 이야기해주세요.

● 음… 출퇴근 시간이 길어지면 아이들과 함께할 시간이 적어질 거라는 불안한 마음이 있는 것 같고, 새로운 환경에서 업무를 보다 보면 그만큼 더 스트레스를 받을 것 같습니다. 아무래도 또 적응을 해야 하니까 마음의 여유가 없어지겠죠.

○ 새로운 환경에 적응하는 것에 대한 스트레스가 있는 것 같은데 맞나요?

● 네, 첫 직장에서 정말 힘들었거든요. 시골로 첫 발령을 받았고, 신입 교사에 젊다는 이유만으로 업무가 저에게 과중되었어요. 일이 너무 많아서 밤 11시에 집에 가기 일쑤였고, 가끔은 집에 들어갔다가 다시 나올 때도 있었죠. 아이들을 찾아서 응급실과 경찰서로 뛰어다녔고, 아이들 싸움을 말리다가 얻어맞기도 했어요. 학부모에게 전화를 하면 연락 자체가 안 되거나 어떤 분은 쌍욕부터 했죠. 당시에는 그런 일들이 다 처음이라 너무 힘들었습니다. 하혈할 때도 많았고, 정말 매일 울면서 다녔는데 그 와중에 서류 작업에 오타라도 나면 전체 회의 시간에 많은 교사들 앞에서 면박을 받고 진짜 괴로웠습니다. 휴직을 했다가 또 그런 시골로 발령받게 된다면 그 스트레스가 저희 아이들에게 고스란히 갈 것 같아요.

○ 아유, 진짜 많이 힘드셨겠어요. 그 많은 일들을 어떻게 다 견디셨어요?

● 친한 친구가 있는데 그 친구에게 전화해서 운 적도 많았죠. 그래도 힘든 일 전부를 다 말하지는 못하겠더라고요. 많이 참아가며 버텨냈어요.

○ 혹시 아픈 데는 없으신가요?

● 예전에 작가님 강연을 들은 적이 있는데 잘 참는 사람들이 허리가 아프다고 하셨어요. 그때 진짜 놀랐습니다. 저도 허리가 아프거든

아이가 버거운 엄마 엄마가 필요한 아이

요. 또 한 학기를 마치고 나면 방학이 시작되자마자 꼭 일주일 정도
를 앓아누워요. 체력도 좋지 않은 것 같아요.

○ 건강검진을 받으면 별 이상은 없다고 하지 않나요?

● 네, 맞아요. 특별히 문제는 없다고 하는데 저는 진짜 아파요.

○ 정신적 스트레스 때문일 거예요. 우리의 감정은 신체화되거든요. 앞
서 이야기한 것처럼 감정은 느끼고 표현해야 하는데 혼자서 너무
삭이며 살아오신 것 같습니다. 감정을 표현해야 해요. 그러지 않고
이대로 더 가면 아픔이 계속 쌓이고, 삶이 점점 더 우울해질 가능성
이 있습니다. 혹시 지금 이 자리에서 그 당시 제대로 느끼지 못하고
억눌러둔 분노, 억울함, 외로움, 서러움 등의 감정을 느끼면서 하고
싶었던 말들을 해보실 수 있을까요?

● 자신이 없습니다. 그런 감정을 드러낸다는 것이요.

○ 충분히 공감하고 이해됩니다. 대신 혼자 계실 때 꼭 그 감정을 대면
해보시기 바랍니다. 다시 질문으로 돌아가 어머님께서 휴직을 망설
이는 이유는 첫 직장에서의 괴로움, 혹시 그때와 같은 시골로 발령
받게 되면 어떡하나 하는 두려움이 전부는 아닐 것입니다. 새로운
환경에서 적응하는 것이 힘들었던 또 다른 경험이 분명히 있습니다.
기억나는 것이 있을까요?

● 네, 있어요. 초등학교 때 부모님 직장 때문에 전학을 갔고, 그때 아이
들이 시골에서 왔다며 촌스럽다고 많이 놀렸습니다. 그게 너무 부
끄럽고 싫어서 엄마에게 옷을 사달라고 했는데 멀쩡한 옷을 놔두고

왜 그러냐면서 사주지 않으셨죠. 나중에 공부를 잘해서 인정받고, 친구들이 더 이상 놀리지 않게 되었지만 그전까지는 정말 학교에 가기 싫을 만큼 괴로웠습니다.

○ 그러셨구나. 또 있을까요? 새로운 환경에 적응하는 것이 어려웠던 기억이요. 이 질문을 계속 드리는 이유는 어머님이 첫 직장에서 경험하신 내용은 누가 들어도 힘들고 어려웠던 일이 맞습니다. 매일 울었고, 얼마나 스트레스가 심했으면 몇 번이나 하혈하셨을까요.

하지만 대부분의 상처는 훨씬 더 어린 시절에 그 뿌리가 있습니다. 모든 것을 의존해야 하는 아이에게 부모의 보살핌은 자신의 생존을 좌우하는 전부입니다. 아이에게 부모는 신과 같은 절대자라서 부모의 일거수일투족을 살필 수밖에 없습니다. "자라 보고 놀란 가슴 솥뚜껑 보고 놀란다"는 속담처럼 자라를 먼저 본 경험이 있어야 솥뚜껑만 보고도 놀랄 수 있는 것입니다. 솥뚜껑을 처음 본 사람은 절대 솥뚜껑을 보고 놀랄 수 없습니다. 선행된 경험이 있어야만 감정이 건드려지고, 우리가 경험한 상처의 대부분은 어린 시절 부모에게서 왔다고 해도 과언이 아닙니다. 그때부터 받았던 상처가 계속 쌓여 내 무의식에 새겨지고 자신도 모르게 반복적으로 억눌러둔 감정을 해소시키지 않았기 때문에 살아가면서 계속 비슷한 문제를 경험하게 되는 것입니다.

아마도 어머님은 새로운 환경을 접할 때마다 반복적으로 힘들었던 경험이 있을 거예요. 가장 최근의 기억부터 더듬어 내려가다 보면

아이가 버거운 엄마 엄마가 필요한 아이

부모님과 연결된 상처까지도 떠오르게 됩니다. 그때 상상을 통해 상처받았던 그 시점으로 되돌아가 당시 표현하지 못한 말과 감정을 드러내보세요. 그러면 고민 때문에 몇 날 며칠 밤을 새지 않을 것이고, 삶이 정말 많이 가벼워질 거예요.

● 말씀을 듣다 보니 생각나는 것이 있습니다. 이것이 부모님과 연결된 뿌리 경험인지는 잘 모르겠지만 작가님 말씀을 듣는 내내 기억 하나가 계속 떠올랐어요. 제가 큰아이를 낳고 1년 만에 복직했는데 시어머니께서 아이를 봐주신다고 했습니다. 그래서 출근하면서 아이를 시댁에 맡기고, 퇴근할 때 또 들러서 아이를 데려왔는데 어느 날 아침에 아이가 너무 울면서 저랑 안 떨어지려고 하더라고요. 며칠 동안 계속이요. 자지러지는 울음소리가 너무 마음 아파서 친정엄마에게 전화해 속상하다는 이야기를 한 적이 있는데 그때 엄마가 나도 그랬다면서 이런 이야기를 해주셨어요.

친정엄마도 퇴직하실 때까지 평생 일을 하셨는데 제가 세 살 때쯤 저를 맡길 곳이 없어서 새로 이사한 집 바로 앞에 있는 슈퍼마켓 사장님 부부에게 저를 맡겼대요. 슈퍼 안으로 들어가면 작은 쪽방이 있는데 그 방에서 엄마가 올 때까지 하루 종일 있는 거였죠. 방에는 가게에서 파는 물건들이 조금 쌓여 있는 것 빼고는 아무것도 없었고, 저는 하루 종일 장난감 하나 없이 그 방에 있다가 점심시간에 아주머니가 넣어주는 식판 밥을 먹고 엄마가 올 때까지 거기 있었대요. 친정엄마도 그게 마음 아파서 퇴근하자마자 슈퍼마켓으로 달려왔는데, 어느 날인가 "엄마 왔다!" 하고 방문을 열었는데 제가 넋이 나간 아이처럼 아무것도 없는 빈 벽을 보며 가만히 앉아 있더래요. 불러도 대답이 없고, 엄마를 돌아보지도 않고, 정말 넋을 놓은 것처럼 우두커니 앉아서 빈 벽만 쳐다보고 있더래요. 그때 엄마가 정말 가슴이 아팠다고 하셨어요. 몇 년 전에 들은 이야기인데도 가끔씩 떠올라요.

○ 아, 정말 상처가 클 것 같은데 잠시만 그때의 아이를 만나서 감정을 대면해보실 수 있을까요? 이렇게 한번 상상해보세요. 현재 나이는 세 살이고, 엄마는 나를 슈퍼마켓 쪽방에 맡겨두고 일을 하러 갔습니다. 아마 처음엔 울었을 거예요. 엄마랑 떨어지기 싫어서요. 그런데 엄마는 안 된다며 빨리 오겠다는 말을 남기고 나를 그 방에 놔두고 가버렸어요. 그 방에는 장난감도 없어요. 하루 종일 몇 날 며칠 동안 나는 그 방 안에서 시들어가요. 더 이상 울지도, 엄마를 찾지도 않고, 빈 벽을 바라보며 멍하니 앉아 있어요.

● 작가님 너무 눈물이 나요.

○ 좋습니다. 그렇게 눈물이 나오는 건 좋은 거예요. 우시면서 말해보세요. 울어봐야 소용없다고 생각하지 말고, 불러봐야 소용없다고 생각하지 말고 울면서 엄마를 불러보세요. "엄마, 빨리 와. 보고 싶어, 빨리 와." 지금의 감정이 그 세 살 아이의 마음에 포개어져 이입이 되면 그때 다 뱉어내지 못한 말을 해주시면 됩니다.

● "어… 어어…."

아이가 버거운 엄마 엄마가 필요한 아이

○ 뱉고 싶은 말이 목구멍에 걸려서 안 나오는 느낌이죠? 그 느낌을 그대로 느끼면서, 그래도 끝까지 뱉으려고 해보세요. 이러한 시도 자체가 아주 중요합니다. 상처는 우리 몸에 흔적을 남기는데 이게 바로 그 상처를 몸으로 통과시켜 밖으로 내보내는 작업이에요. 어머님은 그동안 이 말을 수없이 삼켰어요. 뱉어봐야 소용이 없었기에 계속 삼켜왔죠. 아마도 지금까지 살아오면서 하고 싶었던 말의 대부분을 삼켜왔을 거예요. 하지만 이 경험을 하고 나면 앞으로 목소리를 내는 게 점점 더 쉬워질 거예요.

● "어… 어… 엄마. 나 여기, 싫어… 여기 있기 싫어. 빨리 와… 나 좀 데리러 와. 엄마."

○ 많이 우셨는데 몸은 좀 어떠세요?

● 오랫동안 가슴 한가운데 무겁게 박혀 있던 뭔가가 빠져나간 것 같아요. 숨이 잘 쉬어져요. 제가 한 번씩 숨이 턱 막히곤 했거든요. 정말 감사합니다.

○ 처음에 어머님은 아이들을 생각하면 휴직하고 싶지만 나중에 복직했을 때 원치 않는 곳으로 발령받을 수 있고, 그 스트레스가 행여 아이들에게 갈까봐 잠도 못 잘 만큼 고민이 된다고 하셨습니다. 하지만 어머님이 망설인 진짜 이유는 새로운 환경에서 상처받아온 내면아이 때문이었습니다. 이렇게 내 진짜 마음을 알지 못하면 우리는 문제해결을 위한 올바른 판단을 할 수 없고, 옳은 판단이라고 믿고 선택한 결과가 왜 잘못되었는지 알 수 없습니다. 복직 후에 어느 지

역으로 발령이 날지는 아무도 모릅니다. 두려움은 허상일 경우가 많으니 그러한 생각에서 벗어나는 것이 무엇보다 중요합니다.

🌿 워킹맘 vs 전업맘

워킹맘이라면 다들 한 번쯤은 '육아냐 일이냐' 또는 '가정이냐 경제냐'를 두고 고민해본 적이 있으리라 생각한다. 개인적으로는 어떤 육아 방식도 큰 상관이 없다는 말을 하고 싶다. 왜냐하면 아이는 부모가 하루 종일 자신의 곁에 얼마나 오랜 시간 머무느냐가 아니라 부모가 삶을 대하는 태도, 말과 행동, 표정으로 드러날 수밖에 없는 부모의 무의식에 더 큰 영향을 받으며 성장하기 때문이다.

아이가 한창 성장하는 시기에 육아 휴직을 선택하는 사람들이 많다. 하지만 의외로 휴직한 사람들의 이야기를 들어보면 그 기간을 아쉬워하는 경우가 꽤 있다. 아이를 잘 키우고 싶어서 한 선택이었지만 지나고 보니 예상과 다른 현실이 펼쳐지더라는 고백이었다. 그 이유는 각자가 살아온 여정만큼이나 다양하다.

어떤 분은 아이들이 원하는 만큼 아이들에게 실컷 책을 읽어주지 못한 안타까움에 휴직을 했으나 서로 자기 책만 읽어달라며 싸우는 아이들의 모습에 화가 나서 결국 책을 읽어주지 못하고 시간을 보냈다고 했다. 또 한 분은 그동안 잘 챙겨주지 못한 건강한 식단을 챙겨주기 위해 휴직을 하고 많은 시간과 노력을 기울여 갖가지 요리를 해주었는데 아이가 반찬 투정을 하면서 잘 먹지 않는다며 화를 내다가 시간을 보냈다고 했다. 또 어떤 분은 그동안 소홀했던 집안일을 하느라 지쳐서 막상 아이들이 놀자고 할 때 제대로 놀아보지 못하고 세월을 보냈다며 안타까워했다.

그뿐 아니라 남편과 부모님의 반대를 무릅쓰고 일을 쉬었는데 별것도 아닌 일에 말끝마다 일하지 않고 쉬고 있다는 원망(때로는 비난의 말)을 듣고 혼자서 그 원망을 삭히다가 속상한 마음을 아이에게 던지며 휴직 기간을 보낸 분도 있었다. 아이를 위해서 과감히 일을 접었는데 아이가 말을 듣지 않아 아이와 힘겨루기를 하다가 관계가 더 멀어져버린 경우도 보았다.

이런 아쉬움은 전업맘 역시 마찬가지다. 온종일 집에 있으면서 밥이나 설거지, 청소 등을 완벽하게 해내야 한다는 생각에 어느새 집안일이 1순위가 되고 아이와 함께 보내는 시간은 생각보다 없더라고 말하는 분들이 제법 많다. 집안일은 끝이 없고, 세 끼 식사를 챙기다 보면 하루가 너무 빨리 지나가는 것이다. 이런 일상이 다람쥐 쳇바퀴 돌 듯 끝없이 이어지기에 어느 순간 '나는 집안일도, 육아도, 돈 버는 일도, 커리어 쌓는 일도 뭐 하나 잘하는 게 없다'라는 자기부정의 함정에 빠지는 경우도 많다.

게다가 아이 눈에는 엄마가 늘 곁에 있기 때문에 조금만 무슨 일이 생겨도 "엄마, 엄마!"를 끊임없이 불러대는데 이때 징징거리지 못한 내면아이나 외로운 내면아이가 있는 경우라면 아이에게 화를 내거나 자신이 그랬듯 아이도 외롭게 만들어버린다.

워킹맘 또한 다르지 않다. 어린아이를 아침부터 저녁까지 종일 기관이나 누군가에게 맡겨둔 것이 마음 아파서 허겁지겁 퇴근하여 아이를 만난다. 그러면 퇴근 후 주어진 얼마 안 되는 시간은 아이와 눈을 맞추고, 얼굴을 비비고 안아주며 따뜻한 스킨십과 미소로 엄마가 너를 얼마나 사랑하는지 아이가 느낄 수 있도록 해주어야 하지만(아이가 어릴수록 더욱 그렇다) 현실은 그렇지 못하다. 오자마자 아이를 씻기고, 먹이고, 집 안 곳곳을 치우고 정리하는 것에 신경을 쓰는 나와 달리 그런 서두르는 엄마의 마음을 헤아리지 못한 아이가 씻으려 하지 않고, 빨리 옷을 갈아입지 않거나 밥을 먹다가 돌아다니고, 잠잘 생각이 없어 보이면 엄마는 아이에게 불같이 화를 내거나 짜증으로 대하는 경우가 많다.

집에서 아이를 잘 돌보는 엄마도 이 굴레를 벗어나지 못한다. 내가 이 경우에 속했는데, 아이들의 유년 시절 동안 나름대로 열심히 육아에 전념하며 전업맘의 장점을 십분 발휘했다. 매일 책을 읽어주고, 놀아주고, 온 동네를 산책하고, 아이들이 더 크고 나서는 과학관이나 미술관, 박물관 등을 다니며 많은 것을 보고 듣고, 경험하고 대화하며 다채롭게 성장할 수 있도록 환경을 깔아주려고 노력했다. 물론 그 덕분에 어느 정도 지성의 기초는 마련해준 듯했다.

하지만 나와 함께하는 시간이 많았던 만큼 '나만 참으면 된다'는 내 무의식도 함께 아이들에게 줘버렸다. 나만 양보하면 되고, 나만 기다리면 되고, 나보다 상대를 더 배려해야 하고, 나를 주장하지 못했던 허울 좋은 '착한 아이'를 대물림한 것이다. 친구와 늘 사이좋게 지내야 하고, 질서와 규칙을 잘 지켜야 하고, 쓰레기는 함부로 버려서는 안 되고, 누군가를 뒷담화하면 안 되고, 공공장소에서는 떠들면 안 된다는 가르침들이 틀렸다는 게 아니다. 문제는 그 가르침 아래에 있는 내 무의식에 의해 나보다 남을 먼저 생각하지 않으면 사람들이 나를 좋아하지 않을 거라는 생각을 아이들에게도 물려주었다는 것이다. 끊임없이 다른 사람을 신경 쓰고, 타인의 눈치를 살피느라 정작 나는 그 어디에도 없는 착한 아이의 모습을 말이다. 참 밝게 빛났고, 언제 어디서나 당당하던 아이들이었는데 어느 순간 아이들은 자라면서 내 모습을 닮아갔다.

🌿 아이는 부모의 무의식을 보고 자란다

지금도 나를 가슴 아프게 하는 기억이 있는데 막내 아이가 초등학교 1학년 때 있었던 일이다. 3월 말이라곤 하지만 학기 초였던 당시 바로 옆 분단에 앉아 있던 아이가 심한 감기에 걸려 계속 기침을 하다가 왈칵 토를 하고 말았다. 그 양이 어마어마하고 냄새가 온 교실에 진동할 만큼 고약했는데 담임선생님이 눈살을 찌푸리며 "옆에 있는 친구가 그것 좀 치워"라고 했다는 것이다.

성인에게도 만만치 않은 일을 이제 겨우 1학년이 되어 학교에 갓 입학한 아이에게 지시한 선생님의 마음을 헤아리긴 쉽지 않지만 어찌 되었든 옆에 있던 짝지가 그 일을 처리해야 하는 상황이었다. 그런데 그 짝지가 얼어붙은 듯 꼼짝 않고 앉아 있으니 선생님은 계속 "옆에 친구, 뭐하니? 빨리 치워!"라고 재촉을 했나보다.

그때 막내 아이가 생각하기를 선생님이 '짝지'라는 단어를 쓰지 않고 계속 '옆에 있는 친구'에게 치우라고 하는데 짝지를 제외하고 옆에 있는 친구는 분단 건너편에 앉아 있는 자신도 해당된다는 생각이 들었단다. 결국 선생님의 재촉에 막내 아이는 자리에서 일어나 교실 뒤쪽에 걸려 있는 두루마리 휴지를 뜯어와 친구의 토사물을 모두 치웠다고 한다. 아주 여러 번에 걸쳐서 말이다.

그 일이 있고 한참이 지나 다른 학부모에게 이 얘기를 전해들은 난 무척 당황스러웠다. 하지만 이미 지나간 일이었고, 그 얘기를 들은 날 저녁에 막내 아이에게 그때 기분이 어땠는지 물어보았다.

"진짜 힘들었어. 토가 정말 많았는데 치워도 치워도 끝이 없는 느낌이었어. 토한 것 위에 휴지를 풀어서 덮고 손에 묻지 않게 조금씩 옮겼는데, 휴지 위로 따뜻하면서도 물컹한 느낌이 그대로 전해지는 거야. 냄새가 정말 고약했는데 그거 옮기다가 나까지 토할 뻔했어."

그 일로 인해 아이는 담임선생님의 엄청난 칭찬을 들었지만 그렇게 칭찬받고 인정받는 아이로 살아가느라 자신의 진짜 마음과 감정

아이가 버거운 엄마 엄마가 필요한 아이

을 누른 채 더욱더 착한 아이가 될 수밖에 없는 악순환을 이어가게 되었다.

큰아이 역시 7살 때 유치원에서 한 여자아이가 사사건건 자신의 행동을 선생님께 고자질하고(다른 아이들도 똑같은 행동을 했고, 심지어 고자질한 아이도 그랬건만) 유독 큰아이를 집요하게 물고 늘어지는 바람에 유치원 생활이 너무 힘들다는 말을 한 적이 있다. 그때도 나는 아이에게 "그 친구가 얼마 전에 동생이 태어나서 엄마가 잘 챙겨주지 못하고 있나봐. 그래서 속상하고 화가 나서 그런 행동을 한 것 같은데…"라고 말해주었다. 그 말을 다 듣고 난 큰아이는 너무나 슬픈 눈빛으로, 하지만 억울하다는 듯이 외쳤다. "왜 엄마는 항상 맞는 말만 하는 거야!" 그때 내가 큰아이의 말이 무슨 의미인지 알아들었다면 얼마나 좋았을까. 내 자신을 그렇게 대해왔듯이 나도 모르게 세 아이에게 자신의 진짜 마음과 감정을 억누른 채 살아가는 착한 아이를 대물림하고 말았다.

자녀교육에 있어 나의 롤 모델로 내가 정말 본받고 싶은 분이 있다. 워킹맘으로서 아이에게 젖을 물리지 않는 시간 외에는 함께 보낼 시간도 내기 어려웠다는 《섬기는 부모가 자녀를 큰 사람으로 키운다》의 저자 전혜성 박사다. 미국의 오바마 정부 시절, 두 아들이 정부 차관보에 임명되고, 미국 교육부로부터 동양계 가정의 가장 성공적인 교육 사례로 상을 받으면서 우리나라에도 많이 소개되었다.

전혜성 박사의 인생을 감히 다 알지는 못하지만 소위 말하는 '자존감'이 높은 분이라는 생각이 들었다. 한국 전쟁 이전에 태어났음에도 여자도 교육을 받아야 한다는 생각이 지배적인 가정에서 자라며 해방된 조국, 즉 한국전쟁으로 피폐해진 나라에 보탬이 되기 위해 열아홉이란 이른 나이에 낯선 나라로 유학길에 오를 만큼 가족 안에서 존중받았고, 스스로 자신에게 그럴 힘이 있다고 믿으며 자랐다. 전혜성 박사보다 더 늦게 태어난 나의 아버지는 공부해봐야 소용없다며 학교가려는 아들의 책에 불을 지른 부모 밑에서 성장했는데 말이다.

'워킹맘이냐, 전업맘이냐'라는 질문에는 이분법적으로 쉽게 답을 내릴 수 없다고 생각한다. 너무 다양한 사람들이 존재하고, 그 수만큼 다채로운 성장 환경과 현재 상황이 있으니까 말이다. 사실 아이를 키우는 데 있어서 현실적인 여건을 생각하지 않을 수 없다. 경제적인 이유로 원하지 않아도 일을 해야 하는 경우가 있고, 일을 하고 싶어도 구조조정을 당했거나 또 다른 이유로 일을 하지 못하는 경우도 있다. 또 아이를 사랑하지만 나의 꿈도 중요해서 일을 하고 싶은 경우도 있고, 몸이 아파서 육아는 물론 일도 쉴 수밖에 없는 경우도 있다.

20년 넘게 세 아이를 키웠고, 아이를 키우면서 읽었던 3,000권이 넘는 책들과 저자 또는 강사로 활동하며 알게 된 수많은 사람들, 지금껏 살면서 지켜봐온 주변인들을 통해 직간접적으로 참 많은 체험을 했다. 그 모든 경험을 통틀어서 진짜 중요한 한 가지가 있다면 그것은 부모가 가지고 있는 '삶에 대한 태도'였다. 즉 부모가 삶을 대하는 자세, 부모가 아이를 바라보는 시선, 부모가 자신의 상황과 환경을 바라보는 시각, 부모가 자신을 평가하는 관점이 훨씬 더 중요하다. 왜냐하면 좋든 싫든, 옳든 그르든 아이는 그런 부모의 영향을 절대적으로 받으며 자라기 때문이다. 우리가 부모로부터 그러했고, 나도 모르게 아이에게 대물림하고 있는 그 영향에서 자유로운 사람은 이 세상에 아무도 없다.

🌿 알아두면 유용한 워킹맘을 위한 TIP

워킹맘인 경우 아이와 함께하는 일상을 어떻게 꾸려가면 좋을까. 워킹맘은 소중한 내 아이와 함께할 수 있는 절대적인 시간을 확보해야 한다. 그 무엇보다도 우선적으로 말이다. 인간이 성장하는 동안에는 사랑이 무척 중요하고, 그 사랑은 함께 있는 시간을 통해서 채워지는 부분이 반드시 있기 때문이다.

　시간과 체력이 부족한 워킹맘이 일상에서 아이와 조금이라도 함께 시간을 보낼 수 있는 몇 가지 방법을 다음과 같이 소개한다. 이 방법들은 비단 워킹맘뿐 아니라 아이가 많거나 체력이 부족한 전업맘에게도 유용한 팁이니 각자의 상황에 맞게 적용해보기 바란다.

① 집안일에 할애하는 시간 줄이기

직장에서 돌아온 뒤 집안일을 하고 아이들을 씻기고 먹이다 보면 정작 아이의 눈을 바라볼 여유가 얼마 없는 경우가 많다. 어린 시절, 이런 경험을 해본 적이 있는지 모르겠다. 한참 놀다가 출출해져서 "엄마, 배고파"라고 하면 엄마가 "그래? 금방 밥 차려줄게"라고 하지만 그 시간이 참 길게 느껴지던 적 말이다. '금방'이란 시간은 무언가를 하는 사람 입장에선 정신없이 바쁜 찰나의 순간인지 몰라도 기다리는 사람 입장에선 더디고 느리게 흘러가는 법이다. 종일 엄마와 함께하길 기다렸는데 겨우 만난 엄마가 또 집안일로 바쁘다면 아이도 속상하고, 그로 인해 엄마도 애가 타며, 때로는 기다리지 못하는 아이에게 화가 나기도 한다. 그러니 집안일 하나하나에 걸리는 시간을 조금이라도 줄이고 그렇게 확보한 시간을 아이와 함께했으면 좋겠다.

최선을 선택할 수 없다면 차선을 선택하는 것이 맞고, 그조차 가능하지 않다면 차차선을 골라야 한다. 내 경우 집안일보다 육아가 더 중요하다고 생각했기에 과감히 집안일을 내려놓았다. 처음부터 그랬던 것은 아니다. 열심히 청소하고 빨래하고 밥과 반찬 만들기를 해도 집안일은 끝이 없었고, 가사에 신경을 쓰는 만큼 아이들에게 화를 내는 내 모습을 발견했기 때문이다. 차라리 그 시간만큼 아이들과 함께하면서 아이들의 지성과 감성을 키우는 데 초점을 두기로 마음을 먹었다. 어질러진 집과 근사한 밥상을 준비하지 못하는 것에 대

아이가 버거운 엄마 엄마가 필요한 아이

해서는 남편에게 미리 동의를 구했다. 그렇더라도 계속 집을 어지른 채 지낼 수는 없고, 먹지 않고 살 수는 없기에 집안일을 효율적으로 하려고 여러 가지 방법을 시도했다. 그중에서 도움이 되었던 몇 가지 방법을 소개한다.

밥

10인용 전기밥솥을 사서 5일에 한 번만 밥을 했다. 간혹 강연이나 사석에서 이런 이야기를 하면 그게 가능하냐고 묻는 분들이 있는데 사실이니 믿어도 된다. 요즘은 워낙 전기밥솥이 잘 나와서 밥이 쉽게 상하거나 쉬지 않는다. 그래도 밥맛에 민감한 분이 있다면 갓 지은 밥을 따끈한 상태에서 1인분씩 실리콘 용기나 내열유리 용기에 담아 냉동실에 보관한 뒤 식사할 때 꺼내어 전자레인지에 해동해보자. 처음 밥을 지었을 때와 같은 맛을 느낄 수 있다. 매일 밥하는 데 걸리는 시간이 줄어들어 아이의 눈을 한 번 더 바라보고 아이의 말에 조금이라도 더 귀 기울일 수 있다.

국이나 찌개

국이나 찌개 등 국물이 없으면 밥이 안 넘어간다는 분들이 있다. 어릴 적 식습관 때문인지 우리 부부가 그랬다. 국과 찌개 역시 5일에 한 번 정도 아주 큰 냄비에 끓여서 계속 데워 먹었다. 데울 때마다 국물이 졸아들어 간이 점점 짜지는데 이럴 땐 적당량의 물을 조금씩 부어 간을 조절했다. 어떤 국과 찌개를 끓일지 고민하는 시간을 줄이기 위해 기본적으로 김치찌개, 된장찌개, 미역국, 오징어국, 조갯국, 콩나물국, 달걀국 등 요리하는 데 부담을 덜 느끼는 메뉴 몇 가지를 정해서 번갈아가며 요리했고, 특별한 것이 먹고 싶을 때는 외식이나 시간이 좀 들더라도 즐겁게 요리했다. 아이들이 조금씩 자라면서 아이들도 요리에 동참시켜 요리하는 시간이 즐거운 놀이이자 학습의 시간이 되도록 했다.

반찬

아이가 무엇을 먹느냐보다 누구와 어떤 기분으로 먹느냐가 영양학적으로 매우 중요하다는 논문이 학계에서 파란을 일으킨 적이 있다. 조시에이요 대학의 아다치 미유키 교수는 영양상 필요한 것보다 적게 먹는 소식하는 아이, 정해진 것과 자기가 좋아하는 것만 먹는 편식하는 아이, 혼자서 밥을 먹는 아이로 나누어 연구를 진행했다. 그런데 이중에서 유일하게 혼자서 밥을 먹는 아이만이 설령 진수성찬을 먹더라도 영양결핍에 이를 만큼 몸에 병증을 남긴다는 충격적인 결과가 나왔다.

반찬 준비에 너무 마음 쓰지 않았으면 한다. 요리가 자신의 스트레스 해소에 도움이 되고 힐링이 된다면 얘기가 다르겠지만 식사 준비에 시간을 많이 쏟고 부담스러운 경우라면 조금 효율적인 방법을 찾는 것도 방법이다. 밥과 국이 기본적으로 있고, 반찬은 김치와 김을 빠뜨리지 않고 마련한 뒤 여기에 달걀프라이, 달걀말이, 달걀찜 등 달걀 요리 하나와 친정이나 시댁에서 준 밑반찬 한 가지(깻잎, 깍두기, 무말랭이 등)를 상에 올리면 된다. 그러다가 한 번씩 자장이나 카레, 볶음밥 등으로 새로움을 추가하면 된다. 물론 반찬 가게를 활용해도 좋다. 특별한 날엔 특별한 음식으로 또 다른 즐거움과 추억을 쌓더라도 평소엔 간단한 상차림으로 시간을 절약해보자.

빨래

빨래하는 법에 대해서는 중학교 가정 시간에 배웠기에 어느 정도는 알고 있다. 찌든 때나 오염된 세탁물은 미온수로 미리 한 번 때를 지워내는 애벌빨래를 하면 세탁 효과가 더 크고, 색깔 옷은 색깔 옷대로, 겉옷은 겉옷대로, 속옷은 속옷대로, 아이들 옷과 어른들 옷도 구분해서 세탁하면 참 좋을 것이다. 하지만 이런 식으로 빨래를 하면 번거롭기도 하고 시간이 많이 들 것 같아 단 5분이라도 아껴보자는 생각에 양말과 그 외 옷으로 세탁물을 분류하여 애벌빨래 없이 그냥 세탁기에 돌렸다. 나중에는 건조기를 사서 빨래를 털어 너는 시간도 줄여보았는데 정말 큰 도움이 되었다. 내 경우 옷을 사는 기준이 '세탁기에 막 돌려도 되는 옷인가'일 만큼 시간 절약에 방점을 두었는데, 덕분에 세 아이를 키우면서도 각각의 요청을 들어줄 수 있는 시간을 확보할 수 있었다. 물론 멋지게 차려입고 나가야 하는 옷은 세탁소에 맡기면 된다.

청소

청소도 특별한 일이 없을 땐 일주일에 한 번만 했다. 이 부분도 많은 사람들이 믿기 힘들다는 반응이었지만 진짜 가능하고 정말 괜찮은 방법이다. 어질러진 집을 바라보면서 스트레스가 쌓인다면 3장에서 소개한 방법을 참고하고, 그렇지 않은 경우라면 '너무 맑은 물에는 물고기가 살지 않는다'는 《채근담》에 나오는 군자의 아량을 내 식으로 해석하며 맘 편하게 지냈으면 한다. 실제로 육아를 하다 보면 아이가 완성한 레고나 엄마 눈에는 허접해보이는 무언가를 방 안 가득 깔아놓고 자기가 만든 작품이라며 치우지 말 것을 요구하기도 한다. 그때 자기 전에는 가지고 논 것을 싹 치워야 한다며 정리해버리면 아이는 다음 날 어제까지 만든 작품에서 더 확장하며 놀 기회를 잃게 된다.

만약 아이가 잘라낸 색종이나 놀잇감 등으로 전체적인 집안 풍경이 구질구질해지고 어수선하다면 기다란 사탕 베개를 활용해 초간단 정리를 해보는 것도 좋다. 사탕 베개를 방의 한쪽 끝에서 가로로 한 번, 세로로 한 번 쭉 밀어버리면 방 한가운데가 깔끔해진다. 구석구석 쌓인 물건과 먼지는 주말에 온 가족이 함께 정리하거나 남편에게 아이들을 데리고 놀이터에 나가서 놀아달라고 요청한 뒤 혼자서 정리하는 등의 방법으로 해결하면 된다. 어린아이들은 엄마가 정리하는 동안에도 곁에서 끊임없이 어지르지 않는가. 그런 화나고 열 받는 상황도 피할 수 있다.

설거지

내가 가장 열심히 한 집안일을 꼽으라면 단연 설거지다. 하루 두세 끼를 꼬박 집에서 먹고, 식구가 다섯 명이나 되다 보니 식기가 없으면 다음 식사를 할 수 없어서 설거지만큼은 일주일씩 쌓아둘 수 없었다. 설거지는 매일 해야 하기 때문에 상황이 된다면 남편과 분담하여 시간을 확보하는 것이 좋다. 우리 집은 그럴 수 있는 상황이 아니었기에 내 허리가 아픈 후로 식기세척기를 들여서 설거지에 걸리는 시간을 줄였다. 식기세척기에 그릇을 넣기 전에 손으로 애벌 세척을 해야 하지만 꼼꼼하고 완전하게 내 힘으로 설거지하는 것보다 힘이 덜 들고 시간 또한 아낄 수 있어 그 시간에 아이들에게 책 한 권을 더 읽어주거나 함께 놀아줄 수 있었다.

② 아이와 함께하는 시간 꼭 가지기

"눈에서 멀어지면 마음에서도 멀어진다"는 속담은 가히 틀린 말이 아니다. 출산 후 바로 직장으로 복귀한 엄마들 중에서 아이와 함께 보내는 시간을 소홀히 하다가 아이가 엄마에게 애착 형성을 하지 못하고 도리어 밀어낸다며 고민 상담을 해오는 분들이 있다.

뭔가가 만들어지고 이루어지기까지는 질도 중요하지만 양이 반드시 수반되어야 한다. 워낙 바쁜 현대 사회에 살다 보니 육아에 있어서도 '하루 10분 놀이'와 '하루 10분 학습'에 관한 다양한 책과 방법들이 소개되고 있지만 그것이 10분이면 충분하다는 뜻은 아니라고 생각한다. 사실 아이들과 무언가를 해보면 10분 만에 끝낼 수 있는 일은 거의 없다.

칼릴 지브란이 말하길 "사랑으로 일을 한다는 것은 그대의 심장에서 실을 뽑아 옷을 짜는 것과 같다"고 했다. 심장에서 실을 뽑고, 그 실로 옷 한 벌을 만들어내기까지 얼마나 많은 인고의 세월을 견뎌야 할까? 인간관계, 사랑, 정서 등과 같이 시간이 지날수록 빛을 발하는 것들은 효용이나 합리성만으로 재단할 수 없다고 생각한다.

수없이 해안가에 부딪힌 파도가 기암괴석 같은 절경을 만들어내듯 육아도 그렇다. 그저 파도처럼 끊임없이 아이에게 다가가 눈을 맞추고, 손을 잡고, 포옹하며, 많이많이 사랑한다고 말해주어야 한다. "널 만나서 엄마는 참 행운이야"라고 속삭여주고, 바쁜 아침이라 시간이 없다면 아이가 먹는 달걀프라이 위에 케첩으로 하트를 그려서라도 찰나의 사랑을 전해주자. 그러한 순간들이 모여 아이가 자신의 존재 가치를 믿어 의심치 않게 될 테니까 말이다.

책

가끔 강연장에 중고등학생 자녀를 키우는 어머님이 오셔서 고민을 털어놓는 경우가 있다. 다행히 그동안 아이의 지성과 감성을 챙기면서 육아해오신 분들은 괜찮다. 그런데 직장생활을 하느라 힘들고 바빠서 처음부터 육아는 기관에만 의존하다가 아이가 점점 게임에만 몰두하고 부모를 거부하는 데다 학업성취도까지 낮아져서 고민이라는 분들이 있다. 이런 분들에게 아이의 유년 시절에 잠자리 독서를 해주었는지 물어보면 십중팔구 못했다는 대답이 돌아오는데 그럴 때마다 참 안타깝다.

한 사람의 삶에 있어서 소중하지 않은 시기는 한순간도 없지만 아이의 지력과 심력에 정말 많은 영향을 미치는 시기는 태어나 초등학교를 졸업할 때까지의 시간이다. 부모가 아무리 바쁘고 정신없고 삶이 힘들어도, 이렇게 말할 수밖에 없어서 마음 아프지만 아이를 챙겨야 한다. 이때 책은 아이의 지성과 감성을 채워주고, 부모와 아이 사이의 유대감을 형성해주며, 훗날 육아에 대한 부모의 후회를 최소화할 수 있는 가장 쉬운 도구다. 따라서 지금 어린 자녀를 키우고 있는 부모라면 매일 밤 아이가 잠들기 전에 꼭 책을 읽어주길 바란다. 책을 매개로 사랑을 나누고, 책을 매개로 웃고 이야기하며 수많은 추억을 쌓아보자.

놀이

아이는 부모가 자신과 함께 놀아줄 때 사랑을 느낀다. 새로운 모임에 갔을 때 누군가 내게 다가와 말을 걸어주고, 눈을 맞추고, 내 이야기를 들어주고, 웃어주고, 시간이 있을 때마다 함께하려고 한다면 우리는 상대가 나에게 관심과 애정이 있음을 쉽게 알아차린다. 반대로 한 공간에 있어도 잘 쳐다보지 않고, 말을 걸어도 귀찮다는 반응을 보이거나 함께 시간을 보내지 않으면 상대가 나를 좋아한다고 말해도 그 마음을 알아차리기 어렵다.

놀이는 아이의 눈을 바라보지 않을 수 없고, 아이의 말을 듣지 않을 수 없으며, 곁에 앉아 함께 시간을 보내지 않을 수 없다. 놀이야말로 부모의 사랑을 전할 수 있는 최고의 방법인 것이다. 이런 사실을 알고 있어도 그럴 시간이 없다는 것이 현실적인 문제인데 주말을 이용해서 채워주면 된다. 미안함은 내려놓고, 줄 수 없는 것에 마음 아파하지 말고, 줄 수 있는 것에 최선을 다해보자.

 ## 죄책감으로 아이를 키우지 말자

어떤 경우에도 죄책감으로 아이를 키우지는 않았으면 한다. 워킹맘 중에 가슴 한쪽에 아이에 대한 죄책감을 지니고 있는 분들을 꽤 많이 만난다. 특히 아이가 아침마다 엄마와 헤어지기 싫다며 울거나 아프기라도 하면 아이 곁에 있어 주지 못한 미안함이 더 커져 아이를 떠올릴 때마다 자책하는데 그러지 않았으면 한다. 전업맘도 마찬가지다. 엄마가 능력이 없어서 더 좋은 환경과 기회를 주지 못한다고 미안해하지 말자. 워킹맘은 워킹맘대로 아이에게 미안해하고, 전업맘은 전업맘대로 아이에게 미안해한다. 가만 보면 워킹맘이라서 기쁘고, 전업맘이라서 행복하다는 경우를 본 적이 별로 없다. 우리는 늘

아이가 버거운 엄마 엄마가 필요한 아이

뭐가 이렇게 미안할까? 무엇을 그렇게 잘못했기에 이렇게도 항상 미안해하면서 살아갈까?

독일의 정신분석학자 에릭 에릭슨(Erik Erikson)의 사회심리발달 단계에 따르면 사람은 태어나 생후 1년까지 신뢰와 불신을 배운다고 한다. 이 시기에 아이가 원하는 것을 일관되고 만족스럽게 제공하면 아이는 세상이 살아볼 만한 곳이라는 믿음을 갖게 되고, 이러한 감정은 한 인간의 전 생애를 지탱하는 밑바탕이 된다.

두 번째 시기인 1~3세까지는 자율성과 수치심이란 정서를 얻게 된다. 이제 걷기 시작한 아이는 자유롭게 세상을 탐색해나가는데 그 욕구와 경험이 충분히 이루어지면 자율성을 획득하지만 부모가 지나치게 통제하고 야단치면 아이는 수치심을 내면화한 채 성장하게 된다.

3~6세까지는 주도성과 죄책감을 얻는다. 자기가 원하는 것을 적극적으로 주장하고 얻는 과정을 통해 주도성이 길러지는데 그렇지 못할 경우 죄책감을 갖게 되는 것이다. 즉 죄책감이 지나친 사람은 이 시기에 자신의 욕구가 자주 좌절된 채 성장한 것이라고 볼 수 있다. "내가 할 거야" "나는 이렇게 하고 싶어"라고 주장하는 아이에게 부모의 기준으로 바쁘다거나, 위험하다거나, 힘들어 보인다거나, 예의 없어 보인다는 이유로 번번이 그 욕구를 꺾는 것은 좋지 않다. 또한 이 시기에 "너 때문에 못 살겠다" "왜 이렇게 엄마 아빠를 힘들게 하니?" "도대체 왜 이렇게 말을 안 들어"라며 죄책감을 부추기

는 말을 자주 사용하면 아이는 과도한 죄책감을 가슴에 품고 살아가게 된다.

그뿐 아니라 이 시기는 내가 원하는 것은 무엇이든 하고 싶고, 할 수 있고, 가질 수 있다는 전능한 자아의 시기와 이어지는 만큼 세상의 중심이 '나'라는 발달 과정을 거치고 있기에 좋은 일도, 나쁜 일도 나로 인해 만들어졌다고 생각할 수 있다. 그러므로 이때 양육자의 얼굴에 그늘이 있다면 아이는 그것을 자신의 탓으로 가져가게 된다. 부모가 행복해야 하는 이유다.

죄책감으로 아이를 키운 부모는 자녀에게 준 것 역시 죄책감이기에 아이는 죄책감을 품은 채 성장한다. 어쩌면 이 아이는 엄마의 의도와 상관없이 자신이 엄마를 죄인으로 만들어버렸다는 무의식적인 미안함에 우리가 생각하는 것보다 훨씬 더 깊은 죄책감을 가지고 있을지도 모른다. 적당한 죄책감은 우리를 도덕적인 인간으로 만들어주지만 과도한 죄책감은 그 무게에 짓눌려 자기 자신조차 잃어버리게 만든다. 또 주변에서 조금만 무슨 일이 생기면 '내가 잘못해서 그런가?' '나 때문에 저런 일이 일어났나? 미안해서 어쩌지?'라며 끊임없이 스스로를 갉아먹으며 평생 동안 죄인의 굴레를 쓰고 살아간다.

그러므로 당당했으면 좋겠다. 내가 주지 못한 것만 손가락으로 세지 말고, 내가 준 것도 있음을 기억하면서 아이 앞에 밝게 마주 섰으면 한다. 내가 가진 단점에 집중하기보다 장점을 떠올리면서 그것을 육아에 적극적으로 활용하는 것이다. 전업맘이라면 아이와 함께할 수 있는 시간이 충분한 만큼 뭔가를 빨리빨리 하라고 채근하지 말고, 한 번이라도 아이와 더 눈을 맞추고, 사랑한다고 말하고, 책을 읽어주고, 대화를 나누며 즐겁게 놀았으면 한다. 워킹맘이라면 내가 경험한 사회와 세상을 아이에게 들려주고, 내가 번 돈 만큼 풍부한 경험을 아이에게 선물해주었으면 한다. 그렇게 내가 가지고 있는 자원과 할 수 없는 것을 잘 조율하여 긍정적인 방향으로 일상을 승화시킨다면 워킹맘이든 전업맘이든 육아에 있어서 더 이상 문제될 게 없을 것이다.

🌿 출근할 때 우는 아이 달래는 법

매일 아침 출근해야 하는 엄마를 붙잡고 어린이집에 가기 싫다거나 엄마랑 헤어지기 싫다고 징징거리며 우는 아이에게는 어떤 말을 들려주어야 할까? 가장 당부하고 싶은 것은 순간의 위기를 피하려고 아이를 속이거나 과장하지 않았으면 한다는 것이다. 가령 "금방 올게. 빨리 올 테니까 조금만 기다려" "하고 싶은 것만 하면서 사는 사람이 어디 있니? 싫어도 해야 하는 일이 있어" "네가 좋아하는 장난감과 맛있는 음식을 사려면 엄마가 회사에 가서 돈을 벌어야 해. 많이 벌어올 테니까 이따 보자" "그만 좀 해! 엄마 벌써 늦었어! 다른 애들은 어린이집에 잘만 간다는데 너는 왜 이렇게 엄마를 힘들게 하니?" 등의 말은 하지 않는 것이 좋다.

왜일까? 엄마로서는 출근했다가 금방 돌아올거라는 말이 아이를 안심시킬 것 같지만 세상에 태어난 지 얼마 되지 않은 아이에겐 엄마를 기다리는 하루가 무척 길 수 있다. 따라서 매번 엄마로부터 버려지는 상처를 받을 수 있고, 엄마를 신뢰하지 못할 수도 있다.

또 누구나 하기 싫은 것도 참으면서 해야 한다는 말을 듣고 자라다 보면, 나중에 원하는 대로 하고 싶은 대로 하고 사는 사람을 만났을 때 시기와 질투, 분노의 감정을 느끼며 억울할 수 있다. 이렇게 에너지를 쏟는 동안 자기 삶의 만족도는 떨어지고 만다.

네가 좋아하는 장난감과 음식을 사기 위해서 돈을 벌러 가야 한다는 말을 지속적으로 듣는 경우에도 엄마가 나 때문에 하기 싫은 일을 한다는 죄책감을 갖거나 자신의 진짜 마음을 의심함과 동시에 돈에 대한 뿌리 깊은 상처를 갖게 된다. 사실 아이에게는 장난감과 먹을 것보다 더 소중한 것이 부모와 '함께하는 것'이다. 그런데 자신이 좋아하는 것을 사기 위해 부모가 돈을 버는 것이니 죄책감을 느끼게 되고, 내가 지금 슬픈 것이 엄마랑 같이 있고 싶은 것이 아니라 돈 때문이었나 싶은 생각에 자신의 진짜 마음이 뭔지 헷갈리게 된다.

한편으론 같이 있어 달라는 나를 뒤로 하고 돈을 벌기 위해서 엄마가 가버렸으니 '나보다 돈이 더 소중하구나' '그깟 돈이 뭐라고!' 등의 돈에 대한 집착 또는 분노를 가지게 됨으로써 돈이 삶의 1순위가 되거나 무의식적으로 돈을 버리는 사람이 되기도 한다. 후자일 경우 의식적으로는 '돈이 좋아, 돈이 필요해'라고 하지만 신기할 정도로 투자한 만큼 이익을 얻지 못하거나, 돈을 벌면 꼭 빌리러 오는 사람이 있거나, 다치거나 아파서 돈이 새어 나가는 등 돈을 불리거나 모으지 못하게 된다.

그렇다면 울고 있는 아이에게 무슨 말을 해줘야 할까? 살아가기 위해서는 돈이 필요하다. 한 가정 안에서 누군가는 경제활동을 해야 한다. 물론 일을 통한 성취감과 만족감이 커서 일을 하고 싶을 수도 있고, 지금의 일이 오랜 꿈이었기에 포기하고 싶지 않을 수도 있다. 아이의 인생보다 내 인생이 더 중요할 수도 있고, 아이와 함께 있는 시간이 너무 힘들어서 차라리 회사로 출근하고 싶을 수도 있다.

하지만 이런 의식적인 이유 말고, 우리의 무의식에는 우리도 모르는 또 다른 이유가 있을 수 있다. 누군가는 돈에 대한 상처, 누군가는 부모에 대한 부채감, 또 어떤 사람은 쓸모없는 존재가 될지 모른다는 두려움 등 다양한 불안이 지금의 행동과 선택 안에 숨어 있다. 그렇지 않다면 삶이 이렇게 고되고 외로우며 힘들 리 없다.

만약 그 어떤 경우라도 일을 할 수밖에 없는 상황이라면 아이에게 엄마로서 당당하게 사랑을 주었으면 한다. '부족하고 못난 엄마를 만나서 어린애가 벌써부터 힘들구나' '엄청난 일을 하는 것도 아닌데 그냥 아이 옆에 있을까'라며 우는 아이와 함께 어쩔 줄 몰라 하지 말고 말이다. 미안함보다는 당당함으로 부드럽되 정확하게 상황을 이야기해주자. 그러면 아이 역시 '내가 적응해야 하는구나'를 상처 없이 받아들이게 된다. 예를 들면 이런 식이다.

"속상하지? 같이 있고 싶은데 엄마가 출근하니 말이야. 엄마도 소중하고 귀한 너와 같이 있고 싶어. (잠시 토닥여줌) 그런데 엄마는 회사에 가야 해. 너도 자라면 알게 되겠지만 사람은 일하면서 큰 보람과 성취감을 느껴. 엄마는 지금 다니는 회사에 들어가고 싶어서 열심히 공부하고 시험도 쳐서 합격하게 되었어. 그때 얼마나 기뻤는지 몰라. 살면서 정말 기뻤던 순간이 또 있는데, 그건 바로 네가 세상에 태어난 날이야. (눈 맞추고 웃어준 후) 널 사랑하고 함께 있고 싶지만 그런 만큼 엄마는 일도 좋아해. 너, 자동차 가지고 놀 때 정말 행복하고 기쁘지? 그거랑 비슷해. 네가 자동차 놀이를 좋아한다고 해서 엄마를 사랑하지 않는 것이 아닌 것처럼 엄마가 회사에 간다고 해서 너랑 같이 있는 게 싫은 게 아니야. 엄마는 회사에 다녀오고, 너는 어린이집에 다녀온 다음 저녁에 만나서 우리 각자 어떤 하루를 보냈는지 이야기하고 재미있게 놀자(약속은 꼭 지키는 것이 좋다). 어때?"

또는 "많이 속상하구나. 엄마도 너랑 같이 있고 싶어. 그런데 우리가 살아가려면 필요한 게 많아. 옷이 있어야 춥지 않고, 맛있는 걸 먹어야 몸이 튼튼해지고, 신발이 있어야 발을 다치지 않게 보호할 수 있어. 그렇게 옷, 음식, 신발, 재미있는 책과 장난감을 사려면 돈이 필요해. 돈이 있어야 갖고 싶은 것, 필요한 것, 좋아하는 것을 살 수 있거든. 그런 돈을 벌기 위해 엄마가 회사에 가는 거야. 그 대신 이따 저녁에 만나서 오늘 하루를 어떻게 보냈는지 서로 이야기도 하고, 재

아이가 버거운 엄마 엄마가 필요한 아이

미있는 책도 읽고, 즐겁게 놀아보자. 어때?"

속상해하는 아이의 마음을 먼저 공감해주고, 솔직하되 삶을 긍정적으로 바라볼 수 있는 이야기와 엄마가 너를 얼마나 사랑하는지를 명확히 전달해준다면 아이는 자신과 삶을 긍정하고 사랑하며 멋지게 살아갈 거라고 생각한다. 아이가 어리다고 이해하지 못할 거라 생각하지 말고 이런 이야기를 반복적으로 들려주자. 아이는 우리가 생각하는 것보다 훨씬 더 많은 것을 이해하고 수용할 수 있다.

엄마 게와 아기 게

엄마 게와 아기 게가 함께 바닷가를 걷고 있었다.

"어머, 애! 너 왜 옆으로 걷고 있니?"

깜짝 놀란 엄마 게가 아기 게에게 소리쳤다.

그날부터 아기 게는 똑바로 걷기 위해 애썼다.

하지만 아무리 연습하고 노력해도 똑바로 걸을 수 없었다.

"엄마, 어떻게 해야 똑바로 걸을 수 있나요? 한 번만 보여주세요."

"자, 잘 보고 날 따라 하렴."

엄마 게는 벌떡 일어나 집게발을 높이 들고 제대로 걷는 법을 아기 게에게 보여주었다.

"푸하하하하!" 아기 게는 박장대소했다.

엄마 게의 걸음이 자기와 똑같았기 때문이다.

생각 더하기

아이는 부모의 뒷모습을 보고 자란다. 진심으로 아이를 잘 키우고 싶다면 부모가 먼저 그런 사람이 되어야 하지 않을까?

물론 누군가에게 이 말은 엄청난 부담감으로, 때론 노력해보기도 전에 '나는 못 할 것 같아'라는 절망감으로 다가갈 수 있다. 하지만 가닿지 못할지라도 목표를 정해두고 걸어가 보면 지금 여기서 움직이지 않고 서 있는 것보다 훨씬 더 목표 가까이 갈 수 있지 않을까.

5장

왜 똑같은 장난감을
자꾸만 사달라고 할까?

물건을 낭비하는 아이에게
화가 나는 엄마

당신 안에 있는
과거의 프로그램을 바꿔야 한다.
당신은 어린 시절에
돈에 관한 어떤 말을 듣고 자랐는가.
누구를 보고 자랐는가.
어떤 경험을 했는가.
_《백만장자 시크릿》, 하브 에커, 알에이치코리아

또 과거야?
모든 걸 과거 탓으로 돌리고,
부모님 탓으로 돌리는 거야?

🌿 아끼는 것만이 진정한 미덕일까

여러 권의 육아서를 읽고, 주변에서 아이를 잘 키운다는 분의 이야기를 들어보고, 교육 전문가들의 주장을 접해보니 공통되게 전하는 내용도 있었지만 완전히 다른 목소리를 내는 것도 많았다. 한마디로 육아에 정답은 없었다. 아닌 게 아니라 육아보다 더 크고 넓은 인생에도 정답이 없다고 하는데 어찌 육아에 정답이 있을까.

몸에 좋은 음식만 챙겨 먹였는데 아이는 잔병치레가 있고, 일찍 재우면 키가 큰다더니 더 늦게 재운 옆집 아이의 키가 더 크다. 쉬고 싶은 마음과 자고 싶은 욕구를 줄여가며 책을 읽어주었더니 공부에는 관심도 없고, 많은 것을 허용해주면서 키웠더니 꼬박꼬박 말대꾸나 하는 아이를 볼 때 더 그런 생각이 든다.

인생도 그렇다. 착하게 살아야 하는 줄 알았는데 이기적으로 살아도 잘만 사는 것 같은 사람들, 욕심부리지 않고 성실하게 살면 되는 줄 알았는데 욕심부려서 더 잘되는 듯한 사람을 보면 씁쓸하기도 하고 정말 인생에 답이 없는 것만 같다. 이 말도 맞고 저 말도 맞고, 이 말도 틀렸고 저 말도 틀린 것 같아서 참 혼란스럽다. 나 역시 그런 시간을 수없이 보냈다. 그러다가 내면아이를 알고, 의식과 무의식을 알고, 감정의 힘을 알고 난 후부터 삶이 어떻게 흘러가는지 보이기 시작했다.

우리는 그동안 아끼고 절약하는 것을 미덕이라고 배웠다. 어려서

부터 이 메시지를 워낙 강하게 체험했기에 '아끼다 똥 된다'는 말은 우스갯소리로만 듣고 지나쳐버린다. 그래서 아이를 키우다 보면 '아끼지 말고 얼른얼른 써라' '하고 싶을 때 맘껏 해봐라'라는 말보다 '절약해라' '아껴야 잘산다'라는 사인을 훨씬 더 많이 보낸다. 내 말이 정답인 것처럼 말이다.

● 아이가 물건을 함부로 낭비할 때마다 화가 납니다. 욕실에 들어간 지 한참 지났는데 아이가 나오지 않길래 문을 열어보니 타월에 샤워 젤을 잔뜩 묻혀서 신나게 놀고 있더라고요. 새로 산 샤워 젤 한 통을 거의 다 쓰면서 말이지요. 순간 화가 치밀어 올라서 큰소리로 야단을 쳤는데 아이가 놀랐는지 제 눈치를 보며 당황해하더라고요. 아이의 표정을 보면서 '그만 화내야지' 생각하면서도 화가 쉽게 멈춰지지 않았습니다. 생각과 다르게 몸이 말을 안 듣고 계속 화를 내는데, 아이도 밉고 이런 저도 밉더라고요. 이럴 땐 어떻게 해야 할까요?

○ 그러셨군요. 그날 본 장면을 다시 한 번 상상해보세요. 씻으라고 욕실로 들여보낸 아이가 한참 동안 나오지 않아서 문을 열어보니 샤워 젤을 가지고 놀고 있어요. 그런데 자세히 보니까 새로 산 샤워 젤 한 통을 거의 다 써버렸어요. 상상이 되시나요?

● 네. 상상하고 있어요. 너무 화가 나요. 아이가 너무 미워서 때리고 싶

아이가 버거운 엄마 엄마가 필요한 아이

을 정도예요.

○ 좋습니다. 눈을 감고 아이에게 하고 싶은 말을 지금 이 자리에서 다 뱉어보세요. 아이에게 직접 퍼붓고 나서 후회하지 말고, 아이가 없는 지금 여기서 해보세요.

● "그만해! 이걸 다 쓰면 어떡해? 왜 또 사게 만들어! 지난번에도 이랬잖아. 지난번에도 다 써서 앞으로는 이렇게 낭비하지 않겠다고 약속했잖아! 씻을 때만 조금씩 쓰라고 했지? 도대체 몇 번을 말해야 알아들어? 왜 자꾸 쓸데없이 돈이 들게 해? 나는 돈 쓰기 싫어! 왜 나를 나쁜 엄마로 만들어? 왜 자꾸 나를 시험해! 왜 쓸데없는 데 돈을 쓰게 만드냐고!"

○ 잘하셨어요. 제가 질문하면 그냥 딱 떠오르는 기억을 말씀해주세요. 어린 시절에 쓸데없는 데 돈을 써보고 싶었는데 쓰지 못했던 기억이나 혹은 엄마에게 뭔가를 사달라고 했는데 엄마가 안 사주셨거나 조르고 졸라서 억지로 받았던 기억 등과 같이 돈 때문에 힘들었던 기억이 있나요?

● 엄마는 거의 사주지 않았어요. 집안 형편이 좋지 않았거든요.

○ 그러셨구나. 당시엔 뭘 갖고 싶었어요? 그냥 지금 떠오르는 걸 말씀해보세요.

● 지금 이 질문을 받으니까 제 기억은 아닌데 예전에 엄마가 해줬던 이야기가 생각나요. 엄마가 오빠의 새 신발을 하나 사왔는데 제 신발은 사오지 않아서 제가 8시간 넘게 울었대요. 잘 때까지 울고, 다

음 날 아침에 일어나서 또 울고, 진절머리가 날 정도로 울었대요. 그래서 엄마가 결국은 시장에 가서 제 것도 사왔다고 했어요.

○ 다시 눈을 감고 욕실에서 놀고 있는 아이를 떠올려주세요. 그리고 제가 하는 말을 따라 해보세요. 마음 안에서 더하고 싶은 말이 있다면 그 말도 다 뱉어보세요. "나는 신발 하나를 얻으려고 8시간을 울었어. 뭐 하나 얻으려면 8시간 정도는 울어야 얻을 수 있었다고. 근데 너는 뭐야? 넌 대체 뭔데 네 마음대로 네가 하고 싶은 걸 다 해?"

● "나는 신발 하나를 얻으려고 8시간을 울었어(울기 시작한다). 뭐 하나 얻으려면 8시간 울며불며 매달려야 했어. 나는 뭔가를 얻으려면 처절하게 싸워야 했어. 그런데 너는 뭐야? 책도 사주고, 장난감도 사주고, 유치원도 보내주고, 먹고 싶다는 것도 다 사주는데 대체 뭐가 부족해서 샤워 젤까지 네 마음대로 써? 하지마, 하지마! 제발 좀 하지마! 제발 적당히 좀 하라고!"

○ "나는 뭐든 쉽게 얻은 적이 없었는데, 정말 독하다는 소리를 들어야 겨우 뭐 하나를 얻었는데, 엄마한테 욕이란 욕은 다 들었는데 너는 왜 그래?"

● 맞아요. 엄마가 늘 저한테 독한 년이라고 했어요. 고집이 세다고, 저 년 고집은 아무도 못 말린다고요. 그 말이 정말 가슴 아팠어요.

○ 엄마를 떠올리세요. 나에게 독하다고 말하는 엄마를 떠올리며 말해보세요. "내가 독하다고? 내가 독해? 날 독하게 만든 건 엄마야. 왜 오빠랑 차별해? 나도 사줬으면 됐잖아. 내 것도 챙겨줬으면 됐잖

아!" 이렇게 화를 내도 괜찮아요.

- "내가 독하다고? 내가 고집이 세다고? 안 사준 건 엄마야! 엄마가 알아서 사줬으면 됐잖아! 내가 그렇게 울고불고 소리치지 않았으면 안 사줬을 거잖아. 안 사주니까 떼를 쓰는 거잖아. 그래놓고 나한테 고집이 세다고? 왜 이렇게 날 비참하게 만들어! 왜 엄마 잘못을 내 탓으로 돌려!"

○ "엄마, 미워! 나한테 사과해! 내 잘못이 아니라고 말해! 앞으로는 내가 떼쓰지 않아도 사준다고 약속해!" 이렇게 말해보세요.

- "엄마, 미워! 엄마, 나빠! 사과해! 나한테 사과해!" 작가님, 엄마가 저한테 미안하다고 사과해요. 엄마 이미지가 처음에는 커보였는데 이제는 작게 보이면서 계속 사과를 하고 있어요.

○ 엄마의 사과를 받아주고 싶나요?

- 아니요. 지금은 용서하고 싶지 않아요. 엄마 때문에 정말 힘들었거든요. 엄마 때문에 평생 제가 독하고 나쁜 사람인 줄 알았어요. 이기적이고 나밖에 모르는 사람이라고 생각했어요. 그래서 착하고 좋은 사람이 되려고 늘 양보했어요. 양보하면 다 잘될 줄 알았는데 끝없이 양보해야 했어요.

○ 네, 지금 용서하지 않아도 괜찮습니다. 마음에서 진심으로 용서하고 싶을 때 용서하시면 됩니다.

● 아이가 마트에 갈 때마다 장난감을 사달라고 해서 정말 화가 납니다. 장난감을 사줘도 오래 가지고 노는 것도 아니고 금방 또 사달라고 하니까 쓸데없이 돈만 낭비하는 것 같아서 싫습니다. 버릇도 나빠질 것 같고요. 그래서 장난감은 한 달에 한 번 아빠가 월급 받는 날에만 사기로 약속했습니다. 그런데 며칠 전 아빠의 월급날, 약속대로 아이와 장난감을 사러 마트에 갔는데 장난감 코너에서 아이가 한 시간이 넘도록 장난감을 고르더라고요. 그 모습을 보면서 또 너무 화가 났습니다. 더 사달라고 떼를 쓰는 것도 아닌데 너무 화가 나서 당황스러웠어요. 제가 이상한 거죠?

○ 같이 한번 생각해볼까요? 눈을 감고 마트에서 한 시간이 넘도록 장난감을 고르고 있는 아이를 상상해주세요. 이걸 골랐다가 저걸 골랐다가 다시 내려놓고 처음에 고른 걸 또 들었다가 내려놓으면서 계속 결정하지 못하고 있는 아이를 떠올려주세요. 그리고 그 순간 아이에게 하지 못했던 말을 지금 해보세요.

● "지금 뭐 하는 거야? 빨리 골라! 빨리 사라고! 왜 사라는 데도 못 골라? 왜 기다리게 해? 왜 바보같이 그것도 못 골라? 선택할 줄 몰라? 그냥 팍 고르라고! 당장 빨리 골라!"

○ 이번에는 제 질문에 떠오르는 걸 바로 답해주세요. 어린 시절에 뭘 골라야 할지 몰라서 한참 동안 망설이는 사람을 하염없이 기다렸거

나 혹은 그렇게 무언가를 고르다가 혼이 난 적이 있나요?

● 엄마가 떠올라요. 엄마랑 같이 시장에 가면 엄마가 그렇게 물건을 비교하면서 오래 고민했어요. 돈이 없으니까, 아껴야 하니까 물건을 살 때마다 고민하고 또 고민했어요. 그렇게 한참 골라서 집에 오면 잘 사용하면 될 텐데 마음에 안 든다고 또 바꾸러 가거나 수선하곤 했습니다. 시골에서 농사를 짓고 사느라 늘 아껴야 했던 엄마는 뭐 하나를 사도 허투루 사지 않고 온 힘을 다해 고르고 또 골랐어요.

○ 그러셨구나. 엄마의 상황을 이해할 수 없는 건 아니지만 그렇다고 해서 그 시절 어린 나이에 집이 가난해서 받은 상처, 그럴 돈이 없다는 것에서 느낀 결핍, 엄마를 기다리면서 느꼈던 수치심, 지루함 등의 감정이 틀렸거나 사라진 것은 아니에요. 지금처럼 몸과 마음에 고스란히 쌓여 있다가 아이를 키우면서 비슷한 상황에 놓일 때마다 불쑥 튀어나와 자신과 아이를 힘들게 합니다. 그러니 털어내야 하는 것이지요. 어린 시절로 돌아가 그 시장통에서 엄마를 기다리며 그땐 하지 못했지만 하고 싶었던 말을 해보세요. 뭐라고 하고 싶어요?

● "엄마, 빨리 사. 나 힘들어. 빨리 골라. 엄마, 정말 없어 보여. 부끄러워. 빨리 사! 너무 궁상맞아. 너무 쪽팔려! 빨리 사!" 작가님, 몸이 떨려요. 저도 모르게 막 떨려요.

○ 괜찮습니다. 그 시절에 억눌러둔 내 몸의 떨림이 이러한 상상을 통해 다시 경험되는 거예요. 시장통 한가운데서 빨리 물건을 고르지 못하고 계속 망설이는 엄마를 보면서 그때 느꼈던 감정, 억눌러두

었던 수치심과 분노가 지금 몸으로 통과되고 있으니 걱정하지 말고 느껴보세요. 지금 여기서 더 하기가 부담스럽다면 집에 가서 이 과정을 충분히 해보세요. 아마도 신발에 관한 이야기를 어머니께 처음 들었을 때와 지금 여기서 그때 하지 못한 말을 해보기 전까지 그 애기를 하면서 이렇게 울 줄은 상상도 하지 못하셨을 거예요.

● 네, 그냥 그런가 보다 하는 생각만 들었지 눈물이 났던 경우는 한 번도 없었어요. 이렇게 많이 울게 될 줄은 생각도 못했어요.

○ 네, 그렇게 억눌렀던 감정은 우리 안에 고스란히 잠들어 있습니다. 그러니 마음속에 고여 있는 눈물과 화를 안전한 공간에서 많이 털어내세요. 그러면 아이에게 올라오는 화가 많이 누그러지는 것을 느끼실 거예요.

돈은 수많은 감정을 품고 있다

돈에서 자유로운 사람이 지구상에 몇 명이나 될까? 아마 거의 없을 거라고 생각한다. 돈은 정말 많은 이야기를 담고 있다. 단순히 물물교환의 수단으로서뿐 아니라 돈 안에는 사랑과 배신, 증오와 탐욕, 가난과 질투, 성공과 성취, 우울과 중독, 기쁨과 슬픔 등 무수한 사연을 품고 있다. 그 사연들이 가지는 어마어마한 에너지는 우리 다수에게 큰 영향을 미치고, 그래서 돈을 통해 나의 상처와 아픔, 경험을 파고들다 보면 '나는 누구인가'에 대한 이야기까지 도달할 수 있다. 이것은 부자나 가난한 사람 모두에게 해당된다.

부자 역시 돈에서 자유롭지 않다. 왜 부자가 3대를 이어 4대까지 가지 못하냐면 1세대에서 결핍의 에너지로 돈을 모아 부를 이루고 나면 1세대는 2세대인 자식에게 돈을 벌기 위해 자신이 포기했던 것 또는 그 돈을 지키기 위해 받은 압력을 자녀에게 고스란히 쏟아내면서 돈으로 자식을 지배한다. 그렇게 성장한 2세대는 또 그 자식에게 자신도 모르는 사이에 억눌러둔 분노를 이어가면서 돈으로 받은 상처를 그 아래 세대로 흘려보낸다. 상처는 극과 극의 에너지로 흐르는 경향이 있기 때문에 돈을 좇거나 돈을 잃는 모습으로 나타나고, 결국은 돈에 대한 분노와 상처를 대대손손 물려주게 된다. 설혹 먹고사는 것을 걱정하지 않아도 될 만큼 돈이 있더라도 행복과는 거리가 먼 삶을 살아가는 경우가 많다.

돈에 관한 책을 읽어 보면 자신의 돈 그릇을 키우고, 돈을 바라보는 시선을 긍정적으로 변화시키는 '심리' 혹은 '마음'에 대한 이야기가 나온다. 부의 마인드를 가진 사람은 사업이 망해도 금방 다시 일어서고, 그런 마인드가 없는 사람은 돈을 벌어도 오래지 않아 돈을 다시 잃고 만다. 따라서 돈이 있는 사람은 행복을 위해서, 돈이 없는 사람은 돈을 가질 수 있도록 자신의 상처를 마주하고 난 뒤 돈으로 인한 상처보다는 돈을 통해 삶을 즐기고 사랑을 나누며 행복해하는 모습을 아이에게 보여주어야 한다.

상처는 우리의 몸에 흔적을 남긴다. 마치 맞고 자란 아이들이 영화나 TV에서 폭력적인 장면만 보아도 몸이 저절로 움츠려지듯이 말이다(그 아픔을 과도하게 억눌러 전혀 느끼지 못하는 사람도 있다). 상처가 생긴 날로부터 많은 시간이 흘러서 이제는 그런 일이 있었나 싶을 만큼 기억에서조차 희미해져도 우리 몸은 모든 것을 기억하고 있다. 그때 놀라서 하지 못한 말, 그때 움츠러들었던 근육의 긴장, 그때 울지 못했던 울먹임, 그때 참아냈던 분노까지 모두 몸에 남아 있다. 그래서 아팠던 경험이 건드려지는 순간, 의식에는 남아 있지 않지만 몸에는 남아 있던 감정들이 나도 모르게 밖으로 튀어나온다. 때론 눈물로, 때론 짜증과 화로, 때론 무기력과 질투 등의 다양한 감정, 행동, 표현들로 말이다.

그런 반응들은 내 곁에 있는 가장 소중한 사람을 아프게 한다. 욕실에서 샤워 젤을 다 써버린 아이에게 내 화가 풀릴 때까지 소리를 지르는 것처럼 말이다. 이성적으로 아무리 '화내지 말자, 화를 내서는 안 돼'라고 염불을 외듯 주문을 걸어도 몸이 말을 듣지 않는다.

이런 감정의 흔적들을 지우고 털어내는 방법은 그 상처의 뿌리인 과거로 다시 돌아가 그때 하지 못한 말을 내뱉으며 당시 아팠던 감정을 느껴보는 것이다. 몸에 새겨진 흔적은 몸을 통해 털어내야 한다. 이것이 내 몸과 무의식에 새겨진 아픔을 털어내고 자유롭게 살아가는 방법이다.

'아무리 기억을 떠올려도 별다른 감정적인 동요가 없는데? 난 아

아이가 버거운 엄마 엄마가 필요한 아이

무렇지도 않아'라고 생각하는 사람도 물론 있을 것이다. 하지만 막상 과거에는 하지 못했던 억눌러둔 감정의 언어들을 입 밖으로 내뱉다 보면 앞서 소개한 사례의 당사자들처럼 생각과 다르게 몸의 반응이 올라옴을 느끼게 된다.

🦋 용서보다 내 아픔을 헤아리는 것이 먼저다

앞서 소개한 사례에서 '엄마를 용서하고 싶지 않다'라고 한 부분과 관련해 짚고 넘어가고 싶은 것이 있다. 가끔 저명한 분들이 쓴 책이나 강연을 보면 이런 구절이 등장한다.

"용서는 상대가 아니라 나 자신을 위해서 하는 것이다. 왜냐하면 내가 증오나 독을 품고 있으면 그 독이 나를 먼저 해치기 때문이다. 마치 손에 불을 쥐고 있으면 내 손이 먼저 타버리는 것과 같다."

물론 맞는 이야기다. 하지만 이 얘기는 결과론적임을 알았으면 한다. 밀가루가 바로 빵이 되지 않고, 쌀가루가 바로 떡이 되지 않는 것처럼 모든 일에는 과정이 필요하다. 내 마음은 상대의 말과 행동에 상처를 입고 아파서 어쩔 줄을 모르겠는데 '이미 지나간 일이니까' '상대는 상처를 주고도 잘살고 있으니까' 등의 생각으로 '이렇게 아파하는 것은 너만 손해다'라며 어설픈 용서를 강조하거나 잊고 지나가기를 강요하는 것은 옳지 않다. 왜냐하면 그것은 세상에서 가장 귀

하고 소중한 내 마음을 외면하는 것이기 때문이다. 세상 사람들 모두가 내 마음을 몰라준다 해도 적어도 나는 내 편이 되어 속상하고 억울하고 분통 터지는 마음을 존중하고 공감해주어야 한다. 그래야 마음에 응어리가 남지 않는다. 솔직하게 표현해야 쌓였던 감정이 흘러가면서 상황을 돌아볼 여유가 생기고, 자신과 타인에 대한 이해가 생기며 그때서야 비로소 용서가 된다. 아동 보호와 인권에 기여한 공로로 '야누슈 코르착 상'을 수상한 스위스의 심리학자이자 정신과 의사인 앨리스 밀러(Alice Miller)도 이와 같은 이야기를 했다.

"충분한 분노의 표현과 통곡, 슬퍼함 없이 의무감에 억지로 곧장 용서를 시도하는 것은 더 나쁜 결과를 가져온다. 용서는 상처에 대해 충분히 슬퍼하고 아파한 결과로서 저절로 오는 것이다."

그러니 함부로 용서하지 말고, 나의 아픔을 먼저 헤아려주었으면 한다. 또한 '자기 자신을 진정으로 사랑하는 사람만이 타인도 사랑할 수 있다'는 말처럼 진정한 용서는 타인이 아니라 나 자신을 용서하는 것임을 기억했으면 한다. 부족한 나를 용서하고, 실수한 나를 용서하고, 잘못한 나를 용서하고, 죄 많은 나를 먼저 용서해보자. 그게 가능해지면 그다음 타인을 향한 용서도, 타인에 대한 이해도 자연스럽게 이루어진다.

아이가 버거운 엄마 엄마가 필요한 아이

🦋 자꾸 사달라고 조르는 아이와 슬기롭게 지내는 법

마트나 슈퍼에 갈 때마다 과자와 장난감을 사달라고 떼쓰는 아이 때문에 힘들어하는 부모들이 많다. 돈에 대한 나의 상처 때문일 수도 있고, 많은 사람들이 있는 공간에서 건드려지는 타인의 시선에 눈치를 보는 마음 때문일 수도 있다. 또 어린 시절 떼를 써보지 못했거나 엄마의 말은 무조건 들어야 했던 통제받은 내면아이가 건드려졌기 때문일 수도 있다. 어쩌면 이 모든 것이 다 내 안에 있어서 더 힘들게 느껴지는 것일지도 모른다. 이럴 땐 어떻게 해야 상처는 상처대로 들여다보면서 털어내고, 슬기롭게 아이의 마음을 받아주며 갈등 상황을 반복하지 않을 수 있는지 몇 가지 방법을 소개한다.

① 감정은 받아주되 약속은 꼭 지키는 것임을 알려주기

마트에 갈 때마다 무언가를 사달라고 하는 아이와 엄마 사이에는 아마도 모종의 약속이 있을 것이다. "지난번에 말했잖아. 다음엔 절대 사주지 않겠다고 말이야" 또는 "다음에 올 때 엄마가 꼭 사줄게" 등으로 말이다. 피치 못할 사정이 없다면 약속은 지켜져야 한다. 위기를 모면하기 위해 임기응변식으로 대강 약속하거나 아이가 기억하지 못한다는 이유로 그냥 넘어간다면 약속의 가치는 점점 떨어지게 되고, 그렇게 되면 앞으로 엄마와 아이 사이에서 '약속'이란 단어는 허울 좋은 언약일 뿐 누구도 그 말을 신뢰하지 않게 되어 소탐대실의 결과를 낳는다.

다만 약속이란 이유로 "너 지난번에 약속했으니까 지켜야지" "여기 있고 싶으면 너 혼자 계속 있어. 엄마는 갈 거야"라고 냉담하게 말하기보다는 자꾸 사고 싶어 하는 아이의 마음만큼은 따뜻하게 공감해주었으면 한다. "또 사고 싶어? 그렇구나. 왜 그렇게 갖고 싶은 거야?" 등의 대화를 나누며 그 마음에 공감해준 뒤 부드럽지만 단단하게 약속을 상기시켜주자. 사회생활에 법과 규율이 필요하듯 육아에도 최소한의 규칙은 필요하니까 말이다. 부모가 왔다 갔다 하면 아이도 휘청거리게 된다.

② 아이의 진짜 마음 헤아려보기

아이가 원하는 것을 사준 지 며칠 지나지 않았는데 또 무언가를 사달라고 할 경우 먼저 살펴보아야 할 것이 있다. 그전에 사준 것들을 얼마나 잘 가지고 노는지 체크해보는 것이다. 어린아이들은 자신의 생각과 계획, 욕구를 온전하게 표현하는 힘이 부족하기에 "더 갖고 싶어"라는 말만 반복하고 구체적인 이유는 전달하지 못할 가능성이 많다. 예를 들면 장난감 차를 좋아할 때 여러 자동차를 이용해서 차가 가득한 도로를 건설하고 싶다거나, 많은 차들이 주차되어 있는 주차장을 표현하고 싶다거나, 자동차를 수리하는 커다란 카센터를 만

아이가 버거운 엄마 엄마가 필요한 아이

들고 싶어서 차가 더 필요하다는 걸 표현하지 못할 수도 있다. 만약 기존에 사준 장난감 차를 잘 가지고 놀면서도 장난감이 더 필요하다고 요구할 때는 아이의 눈높이에서 이유를 물어보고 가급적 그 욕구를 채워주었으면 한다.

다만 아이가 잘 가지고 논다는 것을 알고 있음에도 불구하고 '또 산다고?' 하는 마음이 올라온다면 그땐 왜 사주고 싶지 않은지 내 마음을 한번 들여다보자. 정말 그럴 돈이 없어서 사주고 싶지 않은지, 이렇게 계속 물건을 사주다가는 잘못된 습관이 들고 돈을 함부로 낭비하게 될까봐 걱정이 되어서인지, 또는 놀기만 하고 공부를 하지 않을 것 같아서인지 말이다. 어떤 이유로든 아직 일어나지 않은 걱정과 두려움 때문이라면 아이의 욕구를 존중해주는 쪽으로 따라갔으면 한다. 두려움은 과거에 내가 억눌러둔 상처일 뿐 허상일 가능성이 높기 때문이다.

만약 아이가 잘 가지고 놀지 않으면서 계속 사달라고 조른다면 아이가 현재 심심해하고 있는 것은 아닌지 잘 살펴보아야 한다. 이 아이에게 지금 필요한 것은 더 많은 장난감이 아니라 함께 놀아주는 사람이고, 부모와 같이 보내는 시간이기 때문이다. 마음이 채워지지 못했기에 물질로써 그 허전함을 메우려는 것이기에 아이의 정서를 보다 세심하게 챙겨줄 필요가 있다.

③ 장난감 구입에 관한 규칙 세우기

아이의 욕구를 채워주는 것도 좋지만 한 달 수입이 정해져 있는 상황에서 아이가 원하는 것을 모두 다 사줄 수는 없는 노릇이다. 이럴 때는 장난감 구입에 관한 구체적인 규칙을 세우고, 아이와 함께 그 약속을 지켜나가야 한다. 예를 들어 장난감은 가정에 따라 2주에 한 번, 혹은 한 달에 한 번 사주는 것을 원칙으로 하되 생일, 크리스마스, 어린이날은 따로 더 선물을 해주겠다는 식으로 말이다. 대신 그 규칙을 엄마가 일방적으로 세우기보다는 갖고 싶어 하는 아이의 마음도 고려가 되었으면 한다. 가격 또한 미리 상한선을 정해두어서 즐겁게 사러 나갔다가 너무 비싸서 못 사주겠다며 실랑이가 벌어지지 않도록 하는 것이 좋다.

약속을 했음에도 불구하고 떼를 쓴다면 "약속은 했지만 막상 장난감을 보니까 너무 사고 싶구나? 충분히 네 마음이 이해돼. 엄마도 어릴 때 그런 경험이 있었으니까 말이야. 하지만 약속을 지키지 않는다면 앞으로 서로의 말을 믿을 수 없게 되니까 엄마는 네가 약속을 지켜줬으면 좋겠어. 대신 집에 가서 엄마랑 재미있게 놀자. 어떻게 하면 재미있게 놀 수 있을까?"라는 식으로 눈앞의 물건에 집중되어 있는 아이의 마음을 다른 곳으로 옮기면서 아이의 마음을 따뜻하게 감싸주자.

이외에도 명절이나 친척들 모임에서 아이가 받은 돈은 어떻게 관

아이가 버거운 엄마 엄마가 필요한 아이

리하면 좋을지 아이의 나이와 각 가정의 상황을 고려하여 원칙을 만들어두면 좋다. 아이 이름의 통장을 만들어서 저축해두는 것도 좋고, 아이를 위한 학습이나 경험에 투자해도 좋으며, 금액에 따라 아이가 평소에 갖고 싶어 하는 것을 사주는 것도 좋은 방법이다.

④ 돈에 대한 개념 심어주기

요즘은 현금보다 신용카드를 많이 사용하다 보니 아이들 중에는 네모난 플라스틱 카드만 내면 모든 것을 살 수 있다고 생각하는 경우가 있다. 돈 또한 마찬가지여서 내가 사고 싶은 것이 있으니 엄마는 돈을 내라고 쉽게 얘기하고, 마치 하늘에서 돈이 뚝 떨어진다고 생각하는 것처럼 엄마의 지갑을 열거나 은행에 가면 쉽게 돈을 얻을 수 있다고 생각한다. 아직 돈에 대한 개념이 부족하기 때문이다.

이럴 땐 노동의 대가로 돈을 벌고, 필요한 물건과 경험을 사기 위해서는 돈이 있어야 한다는 것을 알려주는 것이 좋다. 돈의 유래인 물물교환부터 생산과 소비, 소득과 저축, 투자, 직업 등의 다양한 경제활동에 관해 아이와 함께 이야기를 나눠보자. 시중에는 어린아이부터 청소년에 이르기까지 경제와 관련된 다양한 그림책과 동화책이 있다. 그러한 책들을 매개로 아이와 함께 읽고 생각하면서 경제에 관한 전반적인 지식과 태도를 같이 고민해보는 것이 좋다.

또한 아이의 눈높이에 맞는 경제활동들을 직접 경험해보는 것도 좋은 방법이다. 가령 현금을 주고 심부름을 시키면서 돈과 물건을 교환해보고 거스름돈을 받는다든지, 아이 스스로 통장을 만들어 용돈을 저금해보고 ATM 기계를 사용해보거나 은행에서 여러 나라의 지폐를 교환해보는 것도 좋다. 또 바자회나 중고 장터에서 물건을 사고 파는 경험도 할 수 있다. 이러한 과정을 통해 아이들은 살아있는 돈을 직접 경험하고 돈의 가치를 생각해봄으로써 돈과 친숙해지고 올바른 경제관념을 키울 수 있다.

다만 한 가지 주의할 것은 이 모든 과정에서 돈을 두려움으로 인식시키지는 않았으면 한다. 돈을 많이 벌려면 공부를 잘해야 한다거나 사고 싶은 걸 다 사버리면 돈이 없어져서 나중에 고생한다는 등의 이야기와 눈빛, 태도 등은 옳지 않다. 돈은 많은 것을 할 수 있고 가능하게 해주는 고마운 것이라는 걸 인식시키고 따라서 그 돈을 벌 수 있게 해주는 일도 고맙고, 사람도 고맙고, 물건을 파는 사람도 고맙고, 사는 사람도 고마운 것이라는 생각을 아이에게 심어주었으면 한다.

우리는 자본주의 시장경제 체제 속에서 살아가기에 돈으로 재화나 재화의 가치를 주고받고, 그 돈을 벌기 위해서 다양한 직업을 가지고 있지만 돈 때문에 하기 싫은 일을 억지로 하고, 돈 때문에 양심을 팔고, 돈 때문에 꿈을 접고, 돈 때문에 괴로워하고 슬퍼하는 모습이나 메시지는 되도록 아이에게 전달하지 않도록 각별히 신경을 쓰면 좋겠다. 그것이 곧 돈에 대한 상처를 대물림하는 것이기 때문이다.

돈에 대한 상처가 있는 엄마가 아이에게 용돈을 주고 나서 일어난 상황과 고민들을 잠시 소개해본다.

● 아이가 현재 초1인데, 학교에 입학하면서부터 일주일에 2만 원씩 용돈을 주고 있습니다. 저는 물건을 살 때 인터넷으로 사든 매장에서 사든 사고 싶은 걸 바로 사는 게 아니라 계속 장바구니에 넣었다 뺐다 많이 망설이는 편이에요. 그런데 어느 날 아이도 저처럼 그러고 있더라고요. 제가 가난하게 컸기 때문에 아이만큼은 저처럼 부족하게 자라면서 겪는 결핍을 주고 싶지 않아서 용돈을 주었습니다. 마음껏 써보라고요. 그런데 아이가 돈을 쓰고 있는 것을 보면 며칠 만에 다 써버리기도 하고, 다 쓰고 나서 또 달라고 하기도 하고, 어떨 때는 사고 싶은 걸 고르는 게 아니라 그냥 싸다는 이유로 사버리는 모습을 보면서 생각이 많아지더라고요. 아직 어린아이에게 괜히 돈을 주었나, 그렇게 쓰면 안 된다고 일일이 가르쳐야 하나, 아직 돈 관리를 못하는 것 같으니 조금 더 크면 다시 용돈을 준다고 해야 할지 고민이 많습니다.

○ 먼저 아이에게 용돈을 준 계기부터 짚어보고 싶습니다. 어머님은 많은 부모들이 아이에게 용돈을 주는 시기가 되었기 때문에 나도 용돈을 줄 때가 되었구나 싶어서 준 것이 아니라 아이가 물건 하나를

사는 데도 끊임없이 고민하는 모습에 나처럼 결핍을 느끼지 않았으면 하는 바람으로 주기 시작했다고 했습니다. 그런데 아마도 제 생각에 어머님은 아이에게 용돈을 주고 나서 아이가 결핍을 느끼지 않게 마음껏 돈을 써볼 수 있게 허용하기보다는 '그렇게 돈을 쓰면 어떻게 하냐'는 비난과 걱정이 담긴 눈빛, 행동이나 말을 은연중에 표현했으리라 생각합니다. 제 말이 맞나요?

● 네. 걱정되는 맘에 저도 모르게 그랬습니다. '돈을 함부로 쓰면 안 되는데'라는 생각과 '돈도 써봐야 배우는 것이 있을 거야'라는 생각이 계속 왔다 갔다 해서 제 기분에 따라 봐주는 날도 있고, 어떤 날은 째려보거나 짜증을 내거나 화를 내기도 했습니다.

○ 그럴 수밖에 없었을 거예요. 그건 어머님의 잘못이 아니에요. 다른 모든 것과 마찬가지로 돈에 대한 상처 역시 극과 극으로 반응하는 에너지를 가지고 있으니까요. 엄마인 내가 돈에 대한 결핍이 있어서 아이에게는 다른 경험을 주려고 마음껏 써보라며 용돈을 주었지만 사실 이것 자체가 상처가 있는 사람들의 특징입니다. '나는 없어서 힘들었으니까 너에겐 '있는' 경험을 줄게'라고 감정적으로, 즉 극과 극으로 대응하신 거지요.

돈에 대한 상처가 있었기 때문에 내 아이에게는 같은 상처를 물려주지 않겠다고 다짐했지만 상처가 털어진 것이 아니기 때문에 나도 모르게 처음의 의도와 달리 아이에게 눈치를 주고 돈을 못 쓰게 한 것입니다. 어머님은 돈이 없어서 눈치를 봤다면 아이는 돈을 가지고 있으면서 눈치를 보는 것이지요. 결국 돈이 있고 없고의 차이는 있을지 몰라도 돈에 대해 눈치 보는 마음, 그 불편한 마음은 둘 다 가지게 되는 것입니다. 그러다 보면 돈을 받은 아이 역시 돈을 쓰지 못하거나 그 돈을 허투루 날려버리게 됩니다.

상처는 다른 한편으로 선물을 주기도 해서 어머님의 상처는 아이에게 내 과거와는 다르게 '가져보는' 경험을 주었지만 어머님의 상처를 털어내며 준 것이 아니기에 나는 '없어서' 힘들었고, 아이는 '있어도' 힘든 상황을 만들어냅니다. 돈에 대한 상처가 무의식 속에 그대로 남아 있기 때문에 아이에게 용돈을 주고 나서도 막상 마음대로 쓰는 아이의 모습을 통해 내 안에 있는 불안이 건드려져 계속 잔소리를 늘어놓게 되는 것입니다.

돈은 돌고 도는 것입니다. 우리가 돈을 버는 목적은 잘 살기 위해서고, 잘 쓰기 위해서입니다. 또한 돈은 감사한 것입니다. 자본주의 세상에서 내가 원하는 취미, 배움, 음식, 물건, 경험 등을 취하기 위해서는 돈을 지불해야 하고, 그로 인해 우리는 성장하고 즐겁고 행복해집니다. 돈을 아끼고 모으는 것도 행복해지기 위함이지 돈이 사라질까 두려워서 모으는 것은 아니라고 생각합니다. 돈을 사용함으로써 누군가는 돈을 벌고, 경제가 돌아가고 활성화되어 다시 나에게로 돌아오는 것이지요. 그러니 나의 좁은 틀로 아이의 행동 하나하나를 지적하지 말고 내가 그동안 돈을 어떻게 생각해왔는지 점검해보시기 바랍니다.

● 계속 고개를 끄덕이며 정말 공감하면서 들었습니다. 시골에서 농사 짓는 부모님 밑에서 자랐는데 학교 준비물도 제대로 사가지 못할 정도로 가난했고, 형제자매가 많아서 옷은 늘 물려 입었습니다. 대학에 가고 싶어도 딸까지 공부시킬 돈이 없다는 부모님 말씀에 고등학교를 졸업하자마자 취직을 해야 했고, 그렇게 번 돈은 오빠의 등록금으로 쓰였습니다. 그래서 제 내면에는 돈을 벌어봐야 소용이 없다는 생각과 돈 때문에 힘들다는 부정적인 생각이 깊이 박혀 있었던 것 같습니다. 작가님 말씀대로 저는 돈을 버리면서 살아왔던 것 같아요. 제가 아껴서 돈을 모으면 꼭 쓸 일이 생기거나, 사기를 당하거나, 이상한 곳에 투자해서 손해를 보거나 했거든요. 자잘한 푼돈은 백 원 하나라도 아끼면서 몇 백만 원, 몇 천만 원 손해를 보는 건 어쩔 수 없다는 생각을 하며 살았습니다. 이러한 과거의 제 상처들을 들여다보는 것만으로도 돈에 대한 상처를 털어낼 수 있을까요?

○ 네, 가능합니다. 상처받았던 시절의 기억으로 거슬러 내려가 그때 하지 못했던 말을 하며 억눌러둔 감정을 다시 만나 충분히 느껴주시면 됩니다. 분명히 상처가 건드려진 것 같은데 과거의 일이 잘 기억나지 않는다면 상처 대면의 사례에서 다른 분들과 주고받았던 말을 참고하여 하고 싶었던 말을 크게 뱉어보세요. 그러다 보면 눈물이 나는 말이 있습니다. 눈물이 멈출 때까지 안전한 공간에서 그때 억눌러둔 감정을 모두 몸으로 느끼면서 토해주세요.

억눌린 감정은 무의식이 되고, 무의식은 임계점을 넘어가면 신념이 되어 우리의 현실로 나타나니까요. '돈이 없어'라고 생각하면 진짜 돈이 없는 현실이 펼쳐지고, '돈 벌기 어려워'라는 생각을 품고 있으면 정말로 돈 벌기가 어려워집니다. 또한 '돈 때문에 못 살겠어'라고 생각하면 신기하게도 돈 때문에 못 살 것 같은 괴로운 현실이 반복해서 펼쳐집니다.

또 하나 추가로 생각해야 할 것은 우리는 받았던 것을 쉽게 받는다는 것입니다. 돈이 없다는 결핍의 생각이 아니라 돈이 있다는 긍정적인 믿음으로 돈을 사용하고, 그 돈으로 인한 행복감을 충분히 느껴보아야 돈에 대한 상처를 더 확실히 털어낼 수 있습니다. 그러고 나면 소중한 내 아이에게도 돈에 대한 두려움을 물려주지 않을 수 있습니다.

🕊 받고 쓰는 경험이 먼저다

전작에서 남편의 사업이 세 번의 실패를 거듭했다는 이야기를 했다. 이는 곧 나와 남편 역시 돈에 대한 상처가 많았다는 뜻이다. 또한 그런 환경 속에서 자란 세 아이 역시 알게 모르게 돈에 대한 상처를 입으며 자신도 모르게 돈을 두려워하고 피하려는 경향이 있었다. 큰아이는 기껏 돈을 모아두면 그 돈을 가져가는 사람이 생기고, 둘째 아이는 쓰지도 못하고 자꾸 돈을 잃어버렸다. 막내 아이는 한 푼 두 푼 돈을 모은 뒤 타인을 위해 돈을 다 써버림으로써 돈을 가두지 못했다.

이것은 진로에도 영향을 미쳤는데, 한번은 큰아이가 고등학교 1학년 때쯤 "엄마, 나는 사업을 떠올리면 늘 망할 것 같다는 생각이 들어. 사업은 무서워서 못하겠어"라는 말을 했다. 많은 가능성을 꿈꿀 수 있도록 정말 열심히 키운 아이였지만 돈에 대한 상처의 대물림으로 자기 사업을 꾸려나가고 경영할 수 있다는 희망을 스스로 지워버린 것이 무척이나 속상했다.

하지만 그 후 감사하게도 상처받은 내면아이를 알게 되고 무의식의 세계를 접했다. 돈에 대한 나의 상처를 깨닫고 털어내기 시작하면서 돈이 있다는 사실을 자각했고, 돈을 쓰는데도 더 많은 돈이 들어오는 경험을 했다. 이러한 나의 변화는 당연히 아이들에게까지 이어져 세 아이 모두에게 변화를 이끌어냈다. 더는 큰아이의 돈을 가져가는 사람이 나타나지 않았고, 아이는 자신 있게 '나도 경영을 할 수 있다'는 믿음으로 전공을 선택했다. 둘째 아이 역시 신기하게도 그 후로 돈을 잃어버리지 않았고, 막내 아이도 자신을 위해 돈을 사용할 줄 알게 되었으며 어린 시절부터 좋아했던 돈과 관련된 학과로 진학했다(이 이야기는 나의 전작인 《영재 레시피》와 《엄마 공부가 끝나면 아이 공부는 시작된다》에도 소개한 바 있다).

그뿐 아니라 '머니 리씽크'라는 수업에서 만난 많은 분들을 통해 '돈과 나의 내면 관계'에 대해 더 확신을 갖게 되었다. 그때 깨달은 것이 앞서 언급한 '우리는 받았던 것을 쉽게 받는다'는 사실이었다.

아이가 버거운 엄마 엄마가 필요한 아이

어린 시절 사랑받았던 아이는 커서도 사랑을 쉽게 받고, 능력을 인정받았던 아이는 능력을 쉽게 인정받는다. 돈을 받았던 아이는 돈을 계속 경험하고, 비난받았던 아이는 비난을, 폭력을 경험한 아이는 자라서도 쉽게 폭력을 경험한다.

사랑받았던 아이는 사랑받는 경험이 익숙하고 자연스러워서 설혹 살면서 그렇지 못한 경험을 하더라도 빨리 사랑이 없는 곳을 벗어나 사랑받는 쪽으로 옮겨간다. 돈을 받는 것에 익숙한 아이 역시 돈이 있는 것이 당연하고 자연스러워서 삶을 살아가는 동안 계속 돈이 흐른다. 돈이 없을 때는 달라고 요청도 잘하고 주는 돈도 참 잘 받는다.

하지만 돈을 받는 경험이 결핍되어 있을 땐 일을 하고도 돈을 받지 못하거나 돈을 달라는 말조차 하지 못해 결국 돈을 받지 못하는 경험을 하게 된다. 앞서 용돈교육에 관한 질문을 한 어머님의 경우, 아이는 '받는 경험'을 했다. 비록 엄마의 상처로 용돈을 받게 되었지만 적어도 이 아이는 받는 경험을 통해 '받는 그릇'을 키우게 되었다. 이것이 상처가 주는 선물이다. 하나의 일과 사건, 현상에는 부정적인 면만 있는 것이 결코 아니다.

용돈은 무언가를 잘해서 받거나 무언가를 해낸 대가로 받는 것이 아니라 그냥 주어지는 돈이다. 그 돈을 통해 아이는 소비를 하고, 돈을 쓰고 싶은 항목에 배분하며, 어떻게 돈을 사용하고 관리하는 것이 행복한지 스스로 체험해보는 교육적인 기회를 얻는다. 이 목적에 맞게 정해진 액수를 정해진 날짜에 주어서 아이가 경험하게 하면 된다.

그런데 돈을 주었다가 뺏고, 엄마가 계속 감시하고 훈계하다 보면 아이는 그런 배움을 얻을 기회가 사라진다. 특히 받았다가 빼앗기는 경험은 아이로 하여금 돈에 대한 빼앗김, 결핍, 속상함 등의 상처를 갖게 할 수 있다. 이런 이유로 아이에게 준 용돈을 다시 거둬들이는 행위는 가급적 하지 않았으면 한다. 정말로 돈을 줄 수 없는 상황이라면 몰라도 말이다.

용돈교육보다 중요한 돈에 대한 부모의 태도

돈에 대한 상처가 있는 사람은 '돈, 돈, 돈' 하면서 돈에 집착한다. 그래서 돈을 손에 움켜쥐고도 쓰지 않거나 아끼고, 모으고, 투자해서 돈을 벌어도 '여전히 부족하다'는 마음으로 계속 돈을 추구한다. 즉 돈을 벌려는 마음이 결핍에서 출발했기 때문에 이 상처를 털어내지 않는 한 돈을 좇다가 자식과 배우자 등 주변 사람들과의 관계에서 상처를 만들고, 그때까지도 그로 인한 심각성을 알아차리지 못한다. 또한 돈을 얻더라도 사랑을 잃거나 건강을 잃을 확률이 높다.

반대로 '돈이 다가 아니야'라며 돈을 외면하는 사람은 돈을 함부로 낭비하거나, 사치로 써버리거나, 타인에게 빌려주거나, 돈을 모아서 투자를 하더라도 그 투자가 계속 실패로 끝나 벌어둔 돈을 날리게 된다. 돈을 외면하기에 돈을 가두는 에너지가 없어 벌어도 금

아이가 버거운 엄마 엄마가 필요한 아이

방 다시 잃게 된다. 물론 알고서 그렇게 하는 것은 아니다. 무의식적인 패턴으로 나도 모르게 저절로 그렇게 되는 것이다. 그래서 아이에게 용돈을 주기 전에 부모가 가지고 있는 돈에 대한 태도를 먼저 점검해봐야 한다. 돈을 좇는 배금주의도 옳지 않고, 자본주의 세상에서 돈을 밀어내고 폄하하고 두려워하는 태도도 옳지 않다. 돈으로 할 수 있는 좋은 것들이 아주 많기 때문이다.

처음 용돈을 받아보는 아이는 자신이 마음대로 할 수 있는 돈을 난생 처음 가져보면서 평소에 사고 싶었던 것들을 모두 사는 바람에 순식간에 돈이 없어지는 경험도 하고, 다음 달까지 돈을 쓰고 싶어도 쓸 돈이 없어서 힘든 경험도 한다. 때로는 갖고 싶은 것을 사기에 돈이 모자라는 경험도 하고, 돈을 아끼는 경험도 해보면서 용돈을 어떻게 사용하고 관리하는 것이 현명한 것인지 시행착오를 통해 배우게 된다. 그런데 이걸 기다리지 못하고 부모가 계속 훈계하고 비난해버리면 아이는 자신의 의지가 아닌 부모의 의지로 선택하고 결정하면서 자신의 욕구와 감정을 억누르다가 결국 진정한 배움을 얻지 못한다.

부모가 1도 바뀌면 아이는 30도, 60도, 90도로 바뀐다. 그러니 부모가 먼저 변해야 한다. 아이는 부모가 의식하지 못하고 내뱉는 눈빛, 말, 행동, 태도, 그 속에 녹아 있는 무의식을 보고 자란다는 것을 꼭 기억했으면 좋겠다.

수사슴의 뿔과 다리

숲속 연못에서 물을 마시던 수사슴이 물속에 비친 자신의 모습을 바라
보며 말했다.

"내 뿔은 언제 봐도 멋지고 아름다워! 힘겨루기할 때도 최고지!"

감탄사를 쏟아내던 수사슴은 곧 길고 긴 한숨을 내쉬었다.

"그런데 내 다리는 너무 가늘고 형편없어. 삐쩍 말라서 정말 볼품없다
니까."

그 순간 사냥개 짖는 소리가 들려왔다.

사냥꾼이 나타난 것이다.

수사슴은 실망하던 두 다리를 힘껏 놀려 사냥꾼이 따라올 수 없을 정도
로 멀리멀리 도망쳤다.

'이젠 따라오지 못하겠지?'

안전하다고 생각한 수사슴이 고개를 돌렸다.

그 순간 멋지고 아름다운 뿔이 무성한 나뭇가지에 걸려 옴짝달싹할 수
없게 되었다.

'큰일 났네. 이러다가 잡히는 거 아닐까?'
결국 뒤따라온 사냥꾼이 수사슴에게 활을 겨누었다.

생각 더하기

우리가 옳다고 믿는 것들은 과연 항상 옳은 것일까?

6장

왜 아이들이 다투면
화부터 날까?

싸움과 관련된 경험으로
상처가 있는 엄마

인간의 마음속에는
누구에게나 선택받고 싶다는 욕구가 있다.
아이들의 질투가 바로
이 욕구의 표현이다.

_ 프란체스코 알베로니(Francesco Alberoni, 이탈리아의 사회학자)

알겠어요, 알겠는데
해도 해도 너무 하잖아요?
별것도 아닌 걸 가지고
툭 하면 싸워요.
서로 자기 편을 들어달라고
울고 불고 떼쓰는데
그럴 때마다
저도 울고 싶어요.

아이가 버거운 엄마 엄마가 필요한 아이

✺ 싸움을 지켜보는 것 자체가 고통인 이유

아이들끼리 싸울 때 유난히 신경이 곤두서고 날카로워지는 엄마들이 있다. 싸움과 관련된 상처가 건드려지고 있기 때문이다. 어린 시절 싸움과 관련된 경험과 환경 속에서 억눌려진 감정이 지금 일어나고 있는 내 아이들의 다툼으로 반응하는 것이다. 싸우기 싫어서 회피해왔는데, 좋은 게 좋다고 내 마음을 잘 다스리며 살아왔는데 그렇게 회피하고 억눌러둔 모든 시간의 총량만큼 폭발하듯이 아이에게 화를 내고 돌아서서 후회한다. "너희들이 그런 행동만 하지 않았으면 됐는데"라고, "너희들만 아니면 내가 이렇게까지 화를 내며 미친 사람처럼 되지 않았을 텐데 대체 왜들 그러니"라며 모든 책임을 아이들에게 전가한다. 하지만 잠든 아이들을 보면 이것밖에 안 되는 엄마여서 미안하고, 그런 자신이 정말 한심하고 못마땅해진다.

이것은 아이의 잘못도 아니고 엄마의 잘못도 아니다. 그저 내 안에 나도 모르게 쌓아둔 감정의 쓰레기가 너무 많기 때문이다. 휴지통에 쓰레기를 버리고 싶어도 이미 휴지통이 가득 차 있어서 더 이상 쓰레기를 담을 수 없을 뿐이다. 이걸 모른 채 마지막에 버린 쓰레기 조각이 휴지통에 들어가지 않는다고 쓰레기를 탓해서는 안 된다. 또한 쓰레기 하나 제대로 버리지 못한다고 자신을 탓해서도 안 된다. 해결책은 딱 하나다. 쓰레기가 가득 담겨 있는 휴지통을 깨끗이 비우는 것이다. 이와 관련된 상담 사례를 한번 살펴보자.

● 아이들끼리 서로 싸울 때 신경이 점점 날카로워지다가 결국은 화를 냅니다. 어젯밤에도 화를 냈습니다. 자기 전에 누워서 책을 읽어주다가 서로 자기 책을 더 많이 읽어줘야 한다고 저를 가운데 두고 실랑이를 벌이더라고요. 그러다가 제 팔을 양쪽에서 하나씩 붙잡고 잡아당기면서 "엄마는 내 거야!" 이러는데, 결국엔 참다 참다 폭발했습니다.

○ 정말 속상했겠어요. 진짜 나의 마음, 억눌러둔 감정을 한번 찾아볼까요?

● 네, 그런데 저는 어제 아이들에게 화를 내면서 온갖 말을 다 퍼부었는데 그래도 억눌린 감정이 있을까요?

○ 좋은 질문입니다. 우선 아이들이 싸울 때 큰소리로 화를 내면서 해선 안 될 온갖 말을 참지 못하고 다 퍼부었다고 하셨는데 사실은 그렇지 않습니다. 좀 전에 저에게 상황을 설명할 때 참고 참다가 폭발했다고 말씀하셨거든요. 결과적으로 화를 내긴 했지만 일단은 내가 할 수 있는 만큼은 참았다는 뜻이지요. 하지만 그것보다 더 중요한 것은 그렇게 낸 화는 깊은 뿌리에 해당하는 '근원적인 화'가 아니라 특정 상황에서 나도 모르게 튀어나오는 '겉 화'일 뿐입니다. 어떻게 보면 습관처럼 내는 화에 불과한 것입니다. 이런 화는 상대도 나를 싫어하게 되고, 나 자신도 내 모습이 못마땅해서 나를 싫어하게 됩

아이가 버거운 엄마 엄마가 필요한 아이

니다. 그런 습관적인 화 말고 그 화의 진짜 원인과 방향을 알아야 합니다. 지금 현재 느껴지는 감정을 통해 과거로부터 묻어두었던 나의 진짜 마음을 찾아내고, 그때 하지 못했던 말을 뱉어내면서 억눌렀던 감정을 고스란히 느끼는 것이 중요합니다. 한번 해볼까요?

눈을 감고 어젯밤 상황을 다시 떠올려보세요. 눈을 감는 이유는 시야가 열려 있으면 주변 환경과 사람들 눈치가 보여서 내 마음에 집중하기 어렵기 때문입니다. 자, 눈을 감고 그려보세요. 책을 읽어주고 아이들을 재우려고 했는데 갑자기 두 아이가 서로 자기 책을 더 읽어달라고 다투기 시작하더니 급기야 내 팔을 양쪽에서 붙들고 늘어지며 서로 자기 것이라고 싸우기 시작합니다. "엄마는 내 거야!" "아니야 내 거야!" 나는 이 소리가 너무 듣기 싫습니다. 그때의 감정이 느껴지시나요?

● 네. 막 욕을 하고 싶어요.

○ 아이들에게 상처주지 않으려고 참았던 말을 가리지 말고 그냥 다 쏟아낸다면 뭐라고 하고 싶나요?

● "조용히 해. 입 닥쳐! 시끄러워! 내가 물건이야? 내가 물건이냐고! 이 새끼들아, 조용히 해! 조용히 좀 하라고! 시끄럽다고, 시끄러워 죽겠다고! 자꾸 그러면 나는 죽고 싶어! 자꾸 그러면 내가 죽고 싶다고! 그만해, 그만 좀 하라고!"

○ 아이들이 시끄럽게 하는 게 죽고 싶을 만큼 힘든가요?

● 저는 시끄러운 게 너무 싫어요. 정말 싫어요!

○ 지금 바로 딱 떠오르는 걸 말해보세요. 아이들 말고, 사는 동안 누가 그렇게 시끄럽게 했어요?

● 저는 TV 소리도 크게 듣는 걸 싫어해요. 큰 소리로 말하는 사람들도 다 싫어요.

○ 어린 시절에 주변에서 시끄럽게 했던 사람이 누구예요?

● 아빠가 엄마랑 싸울 때 정말 무서웠어요.

○ 좋습니다. 아빠와 엄마가 싸우는 장면을 떠올려보세요.

● 눈물이 나요.

○ 네, 괜찮아요. 울면서 하고 싶은 말을 해보세요. 싸우는 아빠와 엄마를 떠올리면서 그때 하지 못한 말을 지금 여기서 해보세요.

● "시끄러워! 입 닥쳐! 무섭단 말이야. 정말 지겨워 죽겠어. 아주 지긋지긋해. 만날 그놈의 씨× 씨× 소리, 듣기 싫어 죽겠어! 이런 꼴 보이려고 낳았어? 이렇게 무서운 꼴 보이려고 날 낳았어?" 아, 손발이 덜덜 떨려요.

○ 괜찮습니다. 잘하고 계십니다. 어린 시절에 아빠와 엄마의 싸움을 보면서 온몸이 덜덜 떨리고 무서웠을 거예요. 하지만 그때 한껏 떨고, 마음껏 무섭다고 소리치지 못하고 꾹꾹 참고 견뎠던 거예요. 그렇게 눌러두었던 긴장과 감정이 지금 나오고 있는 거니까 걱정하지 말고 충분히 느껴주세요. 그리고 하고 싶은 말, 내 안에 남아 있던 말을 더 뱉어보세요.

● "무서워. 무서워서 죽을 것 같아. 나 너무 무서워. 무서워 아빠, 무

서워 엄마. 무서워 죽겠어." 이제 괜찮아요. 더 이상 몸이 떨리지 않아요.

○ 정말 잘하셨습니다. 아이들이 싸울 때마다 걷잡을 수 없이 화가 난다고 하셨는데 그 아래에 있는 진짜 마음은 어린 시절 부모님의 싸움을 지켜보면서 경험한 '무서워서 죽을 것 같은 마음'이었습니다. 그 싸움을 볼 때마다 차라리 내가 죽고 싶을 만큼 무섭고 힘들었던 것입니다. 그 감정을 오늘 충분히 느껴보셨기 때문에 아마도 다음에 아이들이 또 싸우게 된다면 그때는 지금까지와는 달리 악을 쓰며 표출하게 되는 화가 덜 올라오실 거예요.

상처를 치유한다는 것은 다시는 내 주변에서 싸움이 일어나지 않는 것이 아니라 싸움이 일어나더라도 내 안에서 건드려지는 불씨가 사라져 싸움을 바라보는 내 마음이 고요해지는 것입니다. 깊은 상처는 한두 번의 대면으로 평온해지지 않지만 나의 진짜 마음을 고스란히 느끼고 표현하다 보면 털어낸 만큼 생기는 마음의 공간에 상대를 포용할 수 있는 자리가 생기게 됩니다. 그러면 서로를 이해하게 되고, 불같이 날뛰던 나의 행동도 멈출 수 있게 됩니다. 그렇게 내가 달라짐으로써 상대도 달라집니다.

✈ 싸움의 패턴

싸움에 따른 반응에도 개인차가 있다. 앞서 소개한 사례처럼 싸울 때 발생하는 시끄러운 소리 자체가 힘든 분이 있고, 몇 번이나 말을 했는데도 내 말을 듣지 않는 상대에게 화가 나는 경우가 있다. 이 외에도 옆에서 계속 나를 놀려댄다고 느껴질 때, 말도 없이 남의 물건을 가져갈 때, 양보하지 않을 때, 장난으로라도 세게 때릴 때 등 특정 상황에 나의 감정이 건드려지면서 얼굴을 붉히게 되고 화가 올라와 싸움으로 번진다. 때로는 내가 직접 그 일을 겪는 게 아니라 뉴스나 드라마, 이웃집 일 또는 제3자의 다툼을 보고 듣는 것만으로도 감정이 건드려져 소중한 내 일상에 지장을 받는다. **싸움의 패턴을 이해하기 전에 우리는 알아야 한다. 어떤 일에 흥분한다는 건 그 흥분의 씨앗이 이미 내 안에 존재한다는 뜻임을 말이다.**

● 큰아이가 유독 욕심이 많습니다. 어릴 때 자기가 쓰던 물건이니 자기 것이 맞긴 하지만 자기가 갖고 놀지 않을 때도 동생에게 장난감을 못 만지게 하고, 간식을 줄 때도 금방 제 몫을 다 먹고 동생 걸 또 탐냅니다. 물감이나 색종이도 나눠 쓰면 좋을 텐데 자기 건 사용하지 않고 동생한테 더 달라고 해서 쓰다가 나중에 동생이 모자라니

아이가 버거운 엄마 엄마가 필요한 아이

까 나도 달라고 하면 그땐 자기 거니까 안 준다고 합니다. 이런 큰아이를 보고 있으면 너무 밉고 화가 납니다. 이렇게 아이가 자기 것만 챙기고 이기적으로 구는 습관은 고쳐줘야 맞는 거겠죠?

○ _ 자기 것만 챙기는 이기적인 모습은 가족 내에서도, 앞으로 하게 될 사회생활에서도 좋지 않은 행동이니 부모라면 자녀의 이런 습관을 하루빨리 고쳐주어야 한다고 생각하는 것은 당연합니다. 그런데 아이가 양보하지 않고 이기적으로 군다고 해서 어른인 내가 화를 내고 상처주는 말을 쏟아내는 것은 괜찮은 행동일까요? 부모인 나 역시 잘못된 행동을 하고 있습니다. 잘못인 걸 알면서도 매번 같은 실수를 하는 어른처럼 아이도 그렇지 않을까요? 우리는 왜 이렇게 매번 똑같은 실수를 반복할까요? 그건 바로 나도 어쩔 수 없는 '억눌린 감정의 영역' 즉 상처받은 내면아이의 마음이 순간적으로 튀어나오기 때문입니다. 이것은 가르침이나 결심으로 수정되기 어렵습니다. 그러니 이 기회에 내 마음부터 자세히 들여다볼까요? 큰아이는 정말로 자기밖에 모르고 자기 것만 챙기는 이기적인 아이인가요?

● 생각해보니 동생한텐 그러는데 다른 사람에겐 아닌 것 같습니다. 유치원에서는 친구들과 잘 나누고, 엄마가 피곤해하면 자기가 커피를 타줄 테니 마시고 힘내라는 말도 합니다.

○ 그런데 이렇게 예쁜 아이를 왜 순간적으로 이기적이라고 생각하고 심지어 밉다고 표현하셨을까요? 이와 관련된 씨앗이 내 안에 이미 존재한다는 뜻입니다. 상처를 받은 사람은 경주마가 되어 시야가 좁

아집니다. 즉 어머님은 아이의 행동을 지켜보면서 '자기 것만 챙기는 것'과 관련된 상처가 건드려졌고, 색안경을 낀 것처럼 아이의 모습을 있는 그대로 바라보지 못했습니다. 자, 누가 어머니께 이기적이라는 말을 했나요? 누가 양보해야 한다고 했나요? 누가 자기 것만 챙기면 안 된다고 했나요?

● 엄마가 늘 동생들을 챙기라고 했어요. 장녀인 저는 대학에 다닐 때도 과 친구들과 놀기보다 같이 자취하는 동생들을 챙겨야 했어요. 일찍 일어나서 도시락을 싸주고, 어릴 때부터 뭐든 나누고 챙겨줘야 했지요. 제 걸 챙긴 기억이 거의 없어요. 눈물이 나네요.

○ 괜찮습니다. 눈을 감고 엄마의 모습을 떠올리면서 그때 엄마에게 하지 못한 말을 해보세요.

● "엄마, 나 동생들 챙기기 싫어. 부탁인데 제발 나보고 나누라고 하지 마. 나누기 싫어. 나도 나 혼자 다 하고 싶어. 나도 부족해. 나만 갖고 싶어. 동생들 싫어. 왜 낳았어? 나도 부족한데 왜 낳았어? 나도 막내 할래. 나도 챙김받는 막내 할래. 만날 다른 사람 챙기고 양보해야 하는 거 나도 싫어."

○ 엄마가 뭐라고 하시는 것 같나요?

● '네가 장녀니까 참아야지. 네가 먼저 태어났는데 그럼 어떡해?'라고 하시네요.

○ 엄마에게 떼를 한번 써보세요. 어린 시절에는 떼도 써보지 못했잖아요. 떼라도 써보세요. "내가 먼저 낳아달라고 한 거 아니잖아. 엄마가

아이가 버거운 엄마 엄마가 필요한 아이

먼저 낳은 거잖아. 내가 원한 것도 아니고 엄마가 먼저 낳은 건데 왜 나만 양보해야 해!"라고 말해보세요.

● 그렇게 말하니까 엄마가 째려봐요.

○ 그렇게 쳐다보지 말라고 말하세요. 엄마가 그렇게 째려보면 더 슬프다고 말하세요.

● "째려보지마. 그렇게 쳐다보지마. 엄마 눈이 무서워서 나 떼도 써보지 못했어. 엄마가 너무 힘들어 보여서 투정도 못 부렸어. 엄마 말대로 내가 장녀로 태어났으니까 내 운명이라 생각하고 받아들였어. 근데 이건 너무하잖아. 내가 매번 억지를 부린 것도 아니고 겨우 한 번 떼쓰는 건데 뭘 그렇게 잘못했다고 째려봐? 슬퍼. 늘 동생한테 양보했는데, 늘 동생들을 챙겼는데 고맙다는 말은 못 해줄망정 이게 뭐야." 작가님, 너무 슬퍼요. 엄마가 이젠 주먹까지 쥐고 화를 내요.

○ 네, 그런 엄마를 향해서 더 크게 대들어보실 수 있나요? 아니면 아무래도 이런 감정을 드러내는 게 아직 익숙하지 않아서 부담스러우신가요?

● 네, 혼자 있을 때 더 해보겠습니다.

○ 혹시 지금 머리가 아프다거나 가슴이 죄어오는 등의 신체적인 증상은 없나요?

● 없습니다. 오히려 시원해요. 머리가 맑아지고, 가슴도 뻥 뚫리는 것 같아요.

○ 다행입니다. 그럼 혼자 계실 때 더 시도해보세요. 그리고 앞으로도

아이들끼리 싸우거나 큰아이가 이기적으로 느껴질 때, 내 감정이 건드려져 아이에게 화가 올라올 때 아이에게 화내지 마시고 내 안에 억눌러둔 진짜 마음, 즉 나누기 싫고 양보하기 싫고 챙겨주기 싫었던, 나도 내 것만 챙기고 싶었던 그 마음을 안전한 공간에서 혼자 밖으로 표현해보세요.

착하던 아이는 왜 질투의 화신이 되었을까

둘 이상의 아이를 키울 때 유독 형제자매 사이에서 한 치의 양보도 없이 자신의 욕구를 주장하며 분쟁을 일으키는 아이가 있다. 대부분 동생을 본 큰아이가 이런 모습을 보이는 경우가 많은데 기본적인 이유는 엄마의 사랑을 동생이 가져갔다고 느끼기 때문이다.

형제자매는 기본적으로 부모의 사랑을 두고 서로 경쟁하는 관계다. 자기만 바라보던 엄마가 어느 순간부터 '동생'이라고 부르는 존재 옆에 붙어서 먹여주고, 입혀주고, 재워주고, 안아주고, 씻겨주고, 눈을 맞춰주는데 그 모습이 너무 부럽고 샘이 난다. 그래서 혼자 잘 입던 옷도 스스로 입지 않고, 잘 가던 유치원도 가기 싫다 말하고, 잘 먹던 밥도 떠먹여 달라고 하며 퇴행하는 듯한 모습을 보인다. 아이의 그런 마음도 모르고 "너는 이제 형이야. 너 혼자 할 수 있어"라며 다 큰아이처럼 대하고, 아이의 요청을 쉽게 들어주지 않으면 큰아이는

아이가 버거운 엄마 엄마가 필요한 아이

동생이란 녀석이 점점 더 미워진다. 사연 속의 큰아이도 여전히 엄마가 필요하고 엄마 곁에서 엄마의 사랑을 더 받고 싶은 아직은 어린 아이인데 말이다. 그래서 동생이 엄마를 가져간 것처럼 나도 동생의 것을 가져가야겠다고 생각한다. 그래야 공평하니까.

엄마의 입장에서 보자면 동생이 태어날 때까지 큰아이가 엄마를 독차지했으니 이제는 동생의 차례라고 생각할 수 있다. 또 엄마의 손이 가지 않으면 혼자서는 아무것도 할 수 없는 동생을 먼저 도와주는 것이 당연하다고 여길 수 있다. 몇몇 부모들은 '이 정도 해줬으면 그만해야지. 해도 해도 너무하네'라며 큰아이를 이기적이라고 생각하거나 '나는 이만큼의 챙김도 받지 못했는데'라는 질투 어린 마음이 들 수도 있다. 하지만 동전의 양면처럼 어떤 관점에서 바라보느냐에 따라 보이는 것이 완전히 달라진다.

큰아이는 정말 자기밖에 모르는 이기적인 아이일까? 엄마가 힘들어하는 것을 보고 싶어 하는 악마 같은 아이일까? 아니면 엄마의 힘든 상황을 이해하지 못하는 생각이 없거나 공감 능력이 떨어지는 아이일까? 사실이 어떤지는 중요하지 않다. 내가 믿는 것이 나의 현실이 되니 말이다.

대부분의 문제는 '결핍'에서 일어난다. 채워야 나눠줄 수 있다. 채우기도 전에 나눠야 함을 강조하면 아이는 응당 그런가보다 하고 자라서 장차 내 것을 채우지 못하게 된다. 혹은 나눠주면서도 속상해하거나 억울해하면서 준 만큼의 대가를 바라고 그 대가가 돌아오지 않는다고 느낄 때 화를 내게 된다. 참았던 만큼의 분노를 폭발하면서 말이다. 그러니 아이들끼리 자주 다툰다면 채워지지 않은 무언가가 있음을 알아차리고 가급적 빨리 그 욕구를 채워주어야 한다.

결핍은 주로 '사랑'이 원인이다. 엄마의 사랑을, 부모의 사랑을 아이에게 꼭 전해주자. 그러면 아이도 받은 사랑을 반드시 되돌려준다.

사랑으로 아이의 결핍 채우는 법

아이에게 사랑을 듬뿍 채워주고 싶지만 문제는 내 안에도 결핍이 있어서 아이의 욕구를 들어주기 힘들다는 것이 육아가 어려운 가장 큰 이유다. 정말 힘들 땐 나의 상처를 들여다보며 진짜 내 마음을 찾아 대면해보면 좋겠다. 그렇게 나의 상처를 씻어내면서 또 한편으로는 다음과 같은 방법도 활용해보자. 사랑받은 아이가 사랑을 나눌 수 있고, 존중받은 아이가 상대를 존중하며, 미소를 건네받은 아이가 미소 지을 수 있으니까 말이다.

① 사랑의 결핍 채워주기

부모의 사랑을 갈구하는 아이의 여러 퇴행 행동들은 사랑을 채워주는 것으로 충분히 소멸된다. 사랑을 채워주는 대표적인 방법은 '스킨십'이다. 좋아하면 보고 싶고, 보고 있으면 가까이 있고 싶고, 가까이 있으면 만지고 싶은 것이 사람의 본능이다. 본능이 채워져야 상위 단계인 자아실현까지 갈 수 있고, 이 본능적 욕구는 한 번 충족되었다고 메워지는 것이 아니라 온돌방에 온기를 유지하기 위해 계속 연료를 태워줘야 하듯이 지속적인 관심을 보내주어야 한다.

자주 아이를 안아주자. "이리 와봐, 엄마랑 안아보자"라고 했을 때 아이가 어릴수록 엄마에게 빨리 달려오고, 감정의 골이 얕을수록 쉽게 달려오며, 안겨본 시간의 틈이 짧을수록 금방 달려온다. 만약 그 반대가 되었다 하더라도 우리 안에는 안기고 싶은 욕구가 존재하므로 끊임없이 시도해서 아이에게 사랑을 전달해주었으면 한다. 우리 가족은 지금도 서로에게 "안아줘" "안아보자" 하며 다가간다. 그렇게 서로의 심장 소리를 들으며 잠시 포옹하고 있으면 다시 세상으로 나갈 마음이 채워진다는 것을 숱한 경험을 통해 알고 있다.

아이가 어리다면 샤워 후나 잠들기 전에 배에 대고 딱따구리 뽀뽀를 해도 좋고, 전신 마사지 혹은 발 마사지를 해주는 것도 좋다. 사랑의 간극이 길수록 그저 시간이 조금 더 걸릴 뿐임을 기억하고 포기하지 말고 실천해보자.

스킨십 외에도 사랑의 결핍을 채워주는 방법은 무궁무진하다. 놀이가 가장 좋은 예인데 안타깝게도 엄마의 내면에 결핍이 많다면 아이와 놀아주는 것이 쉽지 않다. 이럴 땐 굳이 힘든 놀이보다 최소한의 에너지와 행동으로 사랑을 전달할 수 있는 방법을 찾으면 된다.

몇 가지 예를 다음과 같이 소개해본다.

사랑의 노래 불러주기

아이를 안고 노래를 불러주자. "친구야, 나는 너를 사랑해"란 동요의 가사를 '친구야' 대신 아이의 이름을 넣어서 불러주면 좋다. "○○야, 나는 너를 사랑해. ○○야, 나는 너를 사랑해. 사랑해, 사랑해, 사랑해, 사랑해. 나는 너를 사랑해"라고 말이다.

또는 젖 먹일 때의 자세로 아이를 안고서 눈을 바라보며 사랑의 말이 들어간 노래를 불러보자. 개사를 해서 불러주어도 좋다. 내 경우엔 아이들이 어렸을 때 자주 불러주던 몇 가지 레퍼토리가 있는데 평상시뿐만 아니라 아이가 다치거나 속상해할 때도 상황에 따라 안거나 손을 잡고 불러주었다. 느낌인지 몰라도 그럴 때마다 아이도 더 빨리 마음의 평온을 찾는 듯했다.

사랑의 언어 들려주기

"엄마에게 와줘서 고마워." "네가 있어서 정말 좋아(기뻐)." "사랑해." "어쩜 이렇게 예쁜 아이가 엄마에게 왔을까?" "넌 정말 소중해, 고마워, 넌 정말 귀해." "밤하늘의 별보다 꽃보다 더 예쁜 내 딸" 등 아이가 스스로를 소중한 존재라고 여길 수 있는 말을 자주 들려주자. 지금도 나는 다 자라 대학생이 된 아이에게 "○○아, 넌 어쩜 이렇게 예쁘니?" 하며 감탄스런 눈길로 바라보곤 한다. 그 찰나가 별것 아닌

아이가 버거운 엄마 엄마가 필요한 아이

것 같아도 세월과 함께 쌓인 모래가 단단한 암석이 되듯이 아이는 자신이 귀중한 존재라는 것을 자연스럽게 수용하게 된다.

또 일상에서 늘 반복되는 상황에서도 '너로 인해서 좋아'라는 의미를 담은 말을 들려주자. 예를 들면 유치원 버스에서 내린 아이와 함께 귀가하면서 "너랑 손잡고 걸으니까 참 좋다"라거나 불을 끄고 잠자리에 누워서 "오늘도 너랑 같이 잠들 수 있어서 참 감사해" 등 네가 있어서 행복하다는 표현을 자주 해보자. 장담컨대 머지않아 아이도 그런 말로 엄마의 마음에 행복을 전해주게 될 것이다.

어릴 때 사진 보며 대화하기

클라우드나 휴대폰 갤러리에 있는 아이의 어린 시절 사진을 보면서 종종 이야기를 나눠보자. 예를 들어 "이건 네가 세 살 때 엄마 아빠랑 동물원에 가서 찍은 사진이야. 그때 네가 원숭이 우리 앞에서 눈을 떼지 못하고 원숭이를 바라보고 있었어. 뭘 그렇게 보는 거냐고 물었더니 원숭이 엉덩이가 진짜 빨간지 본다는 거야. 그때 네 표정이 정말 진지했는데 엄마는 그 모습이 정말 예뻤어!"라고 말한다면 아이는 미처 자신이 깨닫지 못한 순간에도 언제나 자신을 사랑스러운 눈으로 바라봐준 엄마의 사랑을 깨닫게 될 것이다.

아이의 옛날 사진뿐 아니라 태아일 때 초음파 사진, 태교 일기, 성장 일기 등을 보여주면서 "널 많이 기다렸고, 네가 엄마 아빠에게 와줘서 정말 기뻤어"라는 이야기를 들려주며 엄마 아빠가 자신을 얼마나 사랑하는지 아이가 느낄 수 있게 해주자. 세 아이를 20대가 될 때까지 키워보니 사랑은 정말 모든 것의 바탕이자 근원임을 하루하루 끊임없이 느낀다.

깜짝 이벤트하기

아무리 좋은 것도 매일 반복하면 평범한 일상이 되고, 평범한 일상도 평소와 다른 작은 행동이 들어가면 특별한 이벤트가 된다. 늘 먹던 달걀프라이, 달걀말이, 볶음밥 위에 케첩으로 하트를 그려 아이에게 전해보자. 무덤덤한 성향의 아이라면 "엄마의 마음이야"라는 한마디를 더해 사랑하고 있다는 메시지를 전해도 좋다. 이외에도 단둘이 손잡고 동네 한 바퀴를 돌며 데이트를 하거나 아이가 하교하기 전에 좋아할 만한 딱지, 보드게임, 만화책 등을 예쁘게 포장하여 숨긴 다음 보물찾기로 깜짝 선물을 전달하는 것도 좋은 방법이다. 또 아이가 자주 꺼내 보는 책 속에 사랑의 말이 담긴 포스트잇을 붙여두어 어느 날 책을 읽다가 엄마의 사랑을 우연히 발견하게 되는 기쁨도 선물해보자.

② 공평한 사랑 말고 특별한 사랑 주기

둘 이상의 자녀를 키우는 부모들 중에는 자녀 모두에게 똑같이 사랑을 주기 위해 노력하는 경우가 많다. 가령 큰아이에게 한 시간 동안

아이가 버거운 엄마 엄마가 필요한 아이

책을 읽어주었다면 둘째 아이에게도 한 시간 책을 읽어주고, 오늘 큰 아이가 좋아하는 요리를 만들었다면 다음번엔 둘째 아이의 입맛을 고려한 음식을 해주는 식으로 말이다. 나 역시 처음엔 큰아이 한 번, 둘째 아이 한번 이런 식으로 똑같이 나눠주는 사랑이 공평하고 옳다고 생각했다. 하지만 아이를 키워보니 그것이 전부는 아니었다.

큰아이의 생일날에 아이가 갖고 싶어 하던 선물과 케이크를 사준 것처럼 둘째 아이 생일에도 아이가 원하는 선물과 케이크를 고르게 했는데, 어쩐 일인지 두 아이 모두 감정만 상해버린 생일을 보낸 적이 있다. 이유인즉, 둘째 아이의 생일을 맞아 케이크를 사러 가자고 하니 큰아이는 초콜릿케이크가 먹고 싶다고 노래를 부르고, 그걸 보면서 나는 "네 생일이 아니니까 너에게는 선택권이 없어"라며 둘째 아이에게 케이크를 고르게 했다. 그런데 생일 축하 노래를 부르고 케이크를 먹으려는데 큰아이는 마음에 들지 않는 케이크라 먹지 않았고, 둘째 아이는 자기에게 고르라고 했으니 선택은 했지만 정작 자신은 케이크보다 자장면이 더 먹고 싶다고 우는 것이었다.

이런 난감한 상황을 수없이 반복한 후에야 아이들이 저마다 원하는 방식으로 사랑을 줄 수 있었고, 똑같이 해주지 못해서 늘 미안했던 마음으로부터 조금씩 벗어나게 되었다. 중요한 것은 모든 아이에게 '똑같이'가 아닌 아이들마다 '그들이 원하는' 사랑을 주는 것이다. 공평하게 말고 특별하게 말이다.

③ 약속 지키기

간혹 떼를 쓰고 울거나 감정이 상해서 토라진 아이를 달래려고 무턱대고 약속부터 하는 경우가 있다. "그래그래, 이따가 해줄게" "얌전히 있으면 집에 도착해서 게임하게 해줄게" 등등. 이것이 설혹 난감한 상황에서 벗어나기 위한 임시방편이었더라도 약속을 했다면 반드시 지켜야 한다. 집에 도착한 아이가 약속한 사실을 잊었다고 해도 말이다. 약속을 지킨다는 것은 신뢰를 쌓는 것이고, 사랑하는 관계에서 신뢰는 무엇보다 중요하다.

　세 아이가 어렸을 땐 당사자도 기억하지 못하는 약속을 굳이 내가 먼저 꺼내어 힘들게 지킬 필요가 있을까 생각하기도 했다. 하지만 돌이켜보면 그런 시간들이 있었기에 아이들은 내가 한 약속을 의심 없이 '오래오래' 기다려주었고, 불필요한 불안 없이 자신에게 에너지를 쓰며 시간을 보낼 수 있었다고 생각한다.

④ 중재와 경청, 해결책 수용하기

36개월 미만의 아이가 다툼에 끼어 있다면 부모가 개입해서 중재하는 것이 좋다. 이 시기의 아이들은 자신의 생각과 감정, 욕구를 말로 잘 표현하지 못하기 때문에 몸이 먼저 나가거나 한쪽의 일방적인 우위로 다른 쪽이 억울할 수 있기 때문이다. 하지만 아이들의 나이가

아이가 버거운 엄마 엄마가 필요한 아이

네다섯 살이 넘어가면 "무슨 일이 있었는지 이야기해보자. 누가 먼저 말해볼래?"라고 물으면서 각자의 입장을 아이들이 말로 표현할 수 있도록 유도하는 것이 좋다. 그렇게 한 공간에서 이야기하다 보면 "그게 아니라니까!" 하고 끼어드는 아이도 있겠지만 '지금은 형(동생)이 말하는 시간이니 조금만 더 들어보고 그다음에 네 얘기도 듣겠다'고 규칙을 설명해준 뒤 함께 지키면 된다.

모든 이야기를 다 들은 후 어떻게 해결하면 좋을지 그 방법 역시 아이들이 생각해볼 수 있게 하고, 아이들이 제시한 방법을 스스로 실천할 수 있도록 기회를 주자. 아이들이 제시한 생각이 좋을 수도 있고, 또 다른 문제 상황을 만들 수도 있지만 이런 경험을 반복하면서 아이들은 대화와 타협, 유연한 사고와 문제해결력, 성취감과 자신감을 키워나가게 된다.

⑤ 선 공감 후 대안 제시하기

아이가 아무리 말도 안 되는 떼를 쓰고 과격한 행동을 하더라도 이유 없이 그러지 않는다는 것을 꼭 기억해야 한다. 지금 보이는 문제 행동들은 대부분 과거에서부터 쌓여온 결과물들이기 때문이다. 그러므로 사랑으로 그 응어리를 풀되 아이의 말에 공감하는 것이 늘 먼저다.

"동생이 떠드는 소리가 너무 시끄러워서 방으로 들어가라고 소리친 거야? 동생 목소리가 그렇게 크게 느껴졌어? 그랬구나. 그런데 엄마 귀에는 동생 목소리보다 네가 켜둔 TV 소리가 더 크게 들리던데, TV 소리는 괜찮아? ○○아, 여기는 거실이고 거실은 우리 가족 모두가 함께 생활하는 공간이야. 네가 TV 볼륨을 크게 틀어놓고 블록놀이를 하는 것처럼 동생도 거실에서 자기가 하고 싶은 말을 하면서 놀 수 있어. 만약 상대의 어떤 행동이 싫다면 이래라저래라 명령하지 말고 이렇게 저렇게 해달라고 요청해야 해. 또 동생 목소리가 정말 듣기 싫다면 방에도 TV가 있으니까 네가 블록을 가지고 방에 가서 노는 방법이 있어. 어떻게 했으면 좋겠니?" 이런 식의 대화와 질문을 통해 가르칠 것은 가르치면서 가족 간의 규칙을 만들어나가면 된다.

⑥ 경쟁자가 아닌 같은 편이 되도록 하기

질투와 경쟁심은 인간의 자연스러운 감정 중 하나이며 매일 함께 지내는 형제자매 관계에서는 더 첨예하게 나타날 수 있다. 그러므로 아이들 사이에 굳이 경쟁심을 유발하는 말과 행동은 하지 않는 것이 좋다. "누가 더 빨리 먹는지 볼까?" "먼저 씻는 사람에게 해줄 거야" "역시 양치질을 잘하는 언니의 이가 더 하얗고 깨끗하네" 등등. 아무리 긍정적인 행동을 끌어내기 위한 말이라도 결국은 비교의 말이고, 상대보다 못하다는 열등감을 느끼게 하는 말이기에 아이의 자존심에 상처를 줄 수 있다.

아이가 버거운 엄마 엄마가 필요한 아이

비교의 말보다는 두 아이가 같은 편이 되게 하는 것이 좋다. 놀이를 할 때도 두 아이가 서로를 응원할 수 있도록 한편이 되게 하여 상대가 잘하는 것이 곧 나의 기쁨이 될 수 있도록 하는 것이다. 예를 들면 달리는 게임을 할 때 두 아이를 동시에 달리게 하지 말고, 형이 먼저 출발해서 반환점을 돌아 동생에게 바통을 넘겨주면 동생이 달려와서 도착했을 때 걸리는 시간을 기준으로 두 아이가 모두 승리할 수 있도록 게임 방식을 바꾸는 것이다.

⑦ 부모의 욕구 채우기

아이에게 잔소리나 화를 많이 낸 날은 유독 체력적으로 지쳤거나 정신적으로 힘든 날이었음을 뒤늦게 알아차릴 때가 있다. 내 컨디션이 좋지 않았기에 평소라면 허용하고 수용할 수 있는 일도 '쟤는 대체 왜 저러지?' '정말 쉴 틈을 안 주네' '왜 너까지 날 힘들게 해'라며 날선 반응을 보이곤 한다.

그런 마음이 올라오기 전에 '조금만 더' '이것만 더'라고 힘쓰지 말고 그저 잠시 쉬었다 가자. 아이와 남편, 주변만 챙기다가 내가 이렇게 애쓰는데 왜 아무도 내 마음을 몰라주느냐고 서러워하지 말고, 힘들 때는 쉬고, 먹고 싶은 것은 먹고, 혼자만의 시간도 가지면서 자신의 욕구에 귀를 기울였으면 한다. 이렇듯 나를 챙겨야 한다. 그렇지 않으면 참았던 만큼, 노력한 만큼, 인정받고 싶은 만큼 상대에게

(주로 아이에게) 화를 내고, 그런 내 모습에 또 자책하고 비난하게 될 테니까 말이다.

우리는 태어난 순간부터 사랑을 갈구한다. 사랑이 우리의 영혼을 살찌운다는 것을 본능적으로 알고 있기 때문이다. 하지만 그 사랑을 외부에서 계속 채우고자 하면 내 삶의 주도권이 외부에 있게 된다. 그러니 스스로 채워보자. 내 안의 욕구가 채워진 만큼 여유가 생기고, 타인의 욕구에도 관대해지며, 결국 삶도 수월하게 흘러간다. 이것이 '자기 사랑'이다(자기 사랑에 대해서는 10장에서 자세히 다루고자 한다).

 ## 싸움에 대한 패러다임의 전환

싸우는 건 꼭 나쁜 것일까? 어린 시절부터 우리는 싸우는 것은 잘못이고 나쁜 일이라고 배워왔다. '친구와 싸우지 마라' '부부싸움 하지 마라' '이웃과 싸우지 마라' 심지어 '암과 싸우지 마라'라는 말도 있을 정도다. 우리는 왜 이렇게 싸움을 부정적으로 바라보게 되었을까? '싸움'하면 떠오르는 고래고래 목청 높여 상대를 비난하고, 삿대질하며 험악한 표정과 말, 행동으로 서로 상처 입히는 장면이 떠올라서 그러는 것일까? 아니면 지금까지 싸움의 결말이 아름답다거나 뭉클한 감동으로 끝난 경우를 본 적이 없어서일까? 혹은 이런 경험들과 함께 '싸움은 나쁘다'는 문화 속에서 성장하며 암묵적으로 그러

아이가 버거운 엄마 엄마가 필요한 아이

한 생각을 습득하게 된 것일까?

그럼에도 싸움 역시 긍정적인 측면이 있다는 것을 놓치지 않았으면 한다. 마치 한여름의 태풍이 모든 것을 삼키는 듯해도 그로 인해 오염된 자연을 정화시키는 순기능이 있는 것처럼 말이다. 나 또한 '싸우는 것은 안 좋다'는 생각이 강한 사람이었다. 결혼하고 난 뒤 남편과 의견 대립이 있을 때마다 다툼보다는 '참는' 방법을 선택했는데 안타깝게도 그 인내는 끝까지 지속되지 못했다. 참고, 참고, 참다 보니 너무 억울해서 일 년에 두세 번쯤은 꼭 "나는 잘못한 게 조금도 없으니 당신이 나한테 먼저 사과를 해줬으면 좋겠어요"라고 남편에게 두 눈을 부릅뜨고 온몸을 부들부들 떨며 말했다. 결과적으로 남편은 '미안하다'는 사과를 해왔지만 진심에서 우러나온 사과는 아니었다. 아내의 태도에 어이가 없었으나 더 큰 분란을 막기 위해, 가정의 평화를 위해 '한 번 참아주는 것'이었다. 그렇게 화는 겉으로 봉인되고, 다시 집안에 평화가 찾아왔지만 이 과정에서 서로를 더 잘 알게 되었다거나 이해를 하게 된 것은 아니었다.

어찌 보면 그동안 내가 더 많이 참았고, 내가 약자고, 내가 억울한 피해자라고 생각했는데 참다 참다 폭발한 날만큼은 나 역시 상대를 내 요구에 무릎 꿇린 폭군이었음을 그때는 알아채지 못했다. 나의 내면아이는 어린 시절 엄마의 폭력 앞에서 억울하게 위축되고 얼어붙은 작디작은 존재 그대로 머물러 있었기 때문이다.

《싸움의 기술》을 쓴 정은혜 작가는 "싸움을 할 때 우리는 서로에게 화살을 들이민다고 생각하지만 사실은 상대가 스스로를 바라보도록 거울을 내미는 것이다. 이 거울은 들키기 싫고, 보고 싶지 않은 자신의 어두운 모습을 아주 불편하고 거친 방식으로 보여준다. 또한 내가 미처 알지 못한 내 안의 깊숙한 곳에 숨어 있는 내면아이를 보여주기도 한다. 자기감정을 주체하지 못해 떼를 쓰고 있지만 실은 사랑스러운 아이다. 우리는 수만 가지 이유로 싸우지만 싸움이 들려주는 이야기를 잘 들어보면 사랑받고 싶고, 이해받고 싶고, 인정받고 싶고, 안전하고 싶은 우리 안에 있는 깊은 욕구에 관한 이야기들이다. 또한 싸움은 자기 내면에 있는 미해결 과제와 자신의 가장 연약한 부분을 드러내게 하기에 서로의 가장 여린 부분을 보듬을 기회를 주기도 한다. 그러므로 모든 싸움은 사랑이야기다"라는 말을 했다.

이 말에 열렬히 동의한다. 싸움이 두려워 참고만 지내다가 세상에서 가장 소중한 남편과 아이들에게 폭발할 것 같은 분노를 느끼고 더는 참을 수 없어 결국은 싸웠던 날들을 돌이켜 보니 싸움을 통해서도 배우고 얻은 것이 많다는 것을 알게 되었다. 싸우지 않는 것이 옳은 것이 아니라 '잘 싸우는 것'이 훨씬 더 중요하다는 것을 깨달았다.

아이가 버거운 엄마 엄마가 필요한 아이

✷ 싸움은 논리의 영역이 아닌 감정의 영역

아이러니하게도 우리는 가장 가깝고 소중한 사람들과 자주 싸운다. 사랑하는 아이와 남편, 양가 부모님과 형제자매, 친구나 동료 등 내 삶의 큰 부분을 차지하는 이들과 싸우고 서로 상처를 입는다. 머리로는 안다. 너와 나는 다른 존재이므로 서로의 욕구와 의견이 다를 수 있다는 것을 말이다. 그러면 상대의 말을 수용할 수 있어야 하는데 말처럼 쉽지가 않다.

한때 막내 아이가 아이돌이 되고 싶다며 보컬 학원에 보내달라고 하던 시기가 있었다. 재능이 있다면 모를까 노래를 잘 부르지도 못했고, 그즈음이 남편의 사업 실패가 반복되던 때라 경제적으로도 힘들던 시기였다. 공부를 잘하는 언니들도 학원 한번 보내준 적이 없는데 기껏 노래를 배우러 학원에 보내달라는 아이가 나는 이해되지 않았다. 노래는 그냥 집에서 목청껏 불러보면 되지 않느냐고 그렇게 아이와 1년 가까이 실랑이를 벌였다. 그러는 동안 아이의 마음속에는 공부 잘하는 언니와 공부엔 관심 없는 자신을 엄마가 비교하면서 차별하고 있다는 오해를 품었고, 나는 그런 말을 들을 때마다 억울하고 답답한 마음에 종종 언성을 높였다.

내가 보컬 학원에 보내줄 수 없는 이유를 말하면 아이는 '가뜩이나 노래를 못하는데 혼자 연습하다가 잘못된 습관마저 들게 될 경우 나중에 더 고치기가 어렵다'고 응수했다. 그러면 나는 '그렇게 아이

돌이 되고 싶다면 노래 외에 춤 연습이라도 열심히 하는 열정을 보여줘야 너의 마음을 알지 않겠느냐'고 맞섰다. 그러면 아이는 '집이 좁아서 큰 동작을 취할 만한 공간이 나오지 않는다'고 대꾸했고, 나는 '이래서 안 되고 저래서 안 되고, 안 된다는 말만 하는 너에게 무슨 말을 해야 할지 모르겠다며 언니들도 영어 문법이나 프리토킹을 더 잘하고 싶다고 학원에 보내달라고 했지만 결국 혼자서 잘하고 있다고 너도 혼자 좀 해보라'고 목소리를 높였다. 그러면 아이는 '공부든 노래든 미래의 진로를 위해 고민하는 것은 마찬가지인데 엄마의 마음속에는 이미 공부는 높이 평가하고 노래는 무시하는 차별적인 시선이 존재한다며 자신은 보컬 학원에 보내줄 돈이 없다는 것에 대한 상처보다 자신을 언니들과 비교하는 엄마의 태도에 더 큰 상처를 받는다'고 항의했다. 정말 미칠 노릇이었다.

식구들과 싸우면서 알게 되었다. 싸움은 누구의 말이 옳고 그르냐는 이성의 영역이 아니라 감정의 영역이라는 것을 말이다. 이걸 깨닫기 전까지 누가 맞고 틀렸는지 시시비비를 가리면서 기어이 종국에는 "길 가는 사람들 붙잡고 물어봐라. 누구 말이 맞는지!"라며 으르렁거리고, 서로 자기 말이 맞다고 팽팽한 신경전을 벌이지만 결코 답이 나오지 않는 답답함으로 끝나버리는 시간을 보냈다.

하지만 그렇게 흥분하며 싸우다가 내 마음을 들여다보고, 억눌렸던 감정들을 느끼고 표현하다 보니 나의 진짜 마음을 알게 되었고, 그렇게 알아간 내 마음만큼 상대방의 마음이 보이고 공감하게 되면

아이가 버거운 엄마 엄마가 필요한 아이

서 긍정적인 싸움을 할 수 있게 되었다. 싸움은 결코 논리의 대결로 승패가 가려지거나 해결되지 않는다. '아이(남편)는 왜 저런 말을 할까?' '도대체 왜 저런 말도 되지 않는 말을 계속하면서 나를 힘들게 할까' 싶지만 도통 알 수 없는 건 상대가 아니라 어쩌면 나의 진짜 마음인지도 모른다.

나귀와 강아지

한 농장에 나귀와 강아지가 살았다.

나귀는 깔끔한 마구간에서 풍부한 건초와 보리쌀을 먹으며 지냈지만 온종일 힘들게 일해야 했다. 반면 강아지는 종일 집 안 곳곳을 뛰어다니며 놀았고, 주인이 돌아오면 꼬리를 마구 흔들면서 애교를 부리거나 주인 몸에 제 몸을 비벼대며 재롱을 떨었다. 주인은 강아지의 그런 모습을 정말 예뻐했고 꿀 떨어지는 눈빛으로 바라보며 안아주곤 했다.

어느 날 자기 신세가 한탄스러웠던 나귀는 '나도 강아지처럼 해볼까?' 하는 생각이 들었다. 마침 주인이 식탁에 앉아 저녁 식사를 하려던 참이었다. 나귀는 앞발과 뒷발을 들어 강아지처럼 춤을 추었고, 꼬리를 흔들면서 '히잉, 히잉' 노래를 불렀다. 하지만 몸집이 큰 바람에 식탁 위의 그릇을 와장창 깨뜨리고 말았다. 그래도 나귀는 멈추지 않고 주인에게 달려들어 혀로 주인의 얼굴을 핥고, 온몸을 벅벅 비벼대며 강아지처럼 행동했다.

그 순간 주인은 나귀가 미쳤다며 하인들을 시켜 사정없이 몽둥이질을 하게 했다.

생각 더하기

나귀가 잘못한 것은 무엇일까? 서툰 방식으로 사랑을 갈구하는 아이의 모습이 나귀와 같지 않을까? 매질이 아닌 따뜻한 관심과 사랑이 필요한 아이에게 우리도 나귀의 주인처럼 외면하고 더 큰 상처를 주고 있는 건 아닐까?

7장

공부에 도움되지 않는
습관들은 버리면 안 될까?

학습과 능력에 상처가 있는 엄마

방법을 가르치지 말고 방향을 가리켜라.
가르치면 모범생을 길러낼 수 있지만
가리키면 모험생을 길러낼 수 있다.
_ 데이브 버제스(Dave Burgess, 미국의 역사 교사)

뜬구름 잡는 소리 하지 말고
제발 현실적인 얘기를 해요!

아이가 버거운 엄마 엄마가 필요한 아이

🦋 공부 잘하는 아이로 키우고 싶은 마음

아이를 잘 키우고 싶었다. 어떻게 하면 똑똑하게 키울 수 있을까 고민했다. 내가 생각하는 '잘'의 범주에는 '공부'가 있었다. 이왕이면 좋은 대학에 가서 좋은 직업을 가졌으면 하는 바람이 간절했다. 하지만 수많은 책을 읽고 아이를 키우면서 보니 이것은 엄마인 내 소망이지 아이들의 뜻이 아니라는 것을 깨달았다. 그래서 더 이상 아이들에게 공부에 대한 어떠한 보상도 바라지 않겠다고 다짐했다.

하지만 아이들이 자라고 학년이 점점 올라갈수록 공부는 하지 않고 친구 관계에만 집중하고, 책에서 점점 멀어지더니 웹툰만 보고, 재능도 없으면서 노래를 하겠다고 끊임없이 이야기할 때 알게 되었다. 의식과 다르게 나의 무의식은 대가를 바라고 있었다는 것을 말이다. 막내 아이가 "엄마의 마음속에는 이미 공부를 높이 평가하고 노래는 무시하는 차별적인 시선이 존재한다"고 말했을 때 격렬하게 부인했지만 아이는 정확히 알고 있었던 거다. '해도 해도 너무하네. 재능이 있었다면 나도 가수에 도전해보라고 했을 거야. 왜 나를 공부밖에 모르는 엄마로 만들어? 억울해!' 하는 마음이 올라왔지만 아이는 틀리지 않았다. 공부에 대한 욕심을 다 내려놓았다고 생각했지만 닥쳐 보니 여전히 그러한 마음이 내 안에 존재한다는 걸 알게 되었다.

부모로서 이왕이면 내 아이가 공부를 잘해주길 바라는 마음은 누구에게나 있다고 생각한다. 부모를 위해서가 아니라 아이를 위해서 말이다. 하지만 이 말은 사실이 아닐 때가 많다. "나 잘되자고 공부하라는 거니? 다 널 위해서 하는 말이야"라고 하지만 이 말은 순수하지 않다. 많은 부모가 아이의 숙제, 준비물 챙기기, 만화책 읽기, 게임, 성적 등에 있어서 학습에 대한 상처가 건드려질 때마다 날카로운 반응을 보인다. 나의 진짜 마음을 모르면 아이에게도 그 상처를 물려주게 된다. 오염된 물을 마시면 몸에 이상이 생긴다. 조기에 발견하고 치료하면 별 문제 없지만 장기간 복용하면 회복하기까지 많은 시간이 필요하고, 때로는 돌이키기 힘들 수도 있다. 상처도 마찬가지다.

- 아이가 책 읽기보다는 노는 걸 더 좋아합니다. 책과 친해지게 하려고 서점에도 데려가고, 도서관에도 가보고, 잠자리에서의 책 읽기도 아이가 직접 고른 책으로 읽어주는데 두 권을 채 못 읽고 잘 때가 많습니다. 또 책장을 넘기면 곧 뒷부분의 내용을 다 알게 되는데 책장을 넘기기도 전에 끊임없이 질문을 합니다. 그럴 때마다 정말 화가 나서 "뒤에 다 나와!" 하고 좀 큰 소리를 내면 질문을 멈추고 다시 책을 보는데 그 모습을 보면 또 화가 치밀어 오릅니다.

○ 그게 왜 그렇게 화가 날까요?

- 제 스스로도 이해가 안 됩니다. 사실 아이를 잘 키우고 싶어서 육아서를 여러 권 읽었는데 다들 독서가 중요하다고 하더라고요. 그래

서 어릴 때부터 책을 가까이하면 좋을 것 같아서 유명 출판사에서 소개하는 전집을 들였지만 아이는 잘 보지 않았어요. 아이의 취향에 맞지 않는 책인가 싶어서 또 다른 전집을 들여놔도 마찬가지였고, 많은 아이들이 좋아한다는 전집 역시 기껏 한두 권 읽는 게 다였습니다. 그래서 아이에게 맞는 단행본을 찾아보려고 서점에도 가고, 도서관도 다녀봤는데 소용이 없더라고요. 다른 집 아이들은 계속해서 책을 읽어달라고 한다던데 저희 아이는 자기 맘대로만 하려는 것 같고, 어떨 때는 저를 부정하는 것 같습니다. 아이가 제발 제 말 좀 들어줬으면 좋겠어요.

○ 아이를 위해서 이렇게까지 노력하는데 엄마 말을 들어주지 않는 아이가 정말 야속할 것 같습니다. 그런 아이의 모습을 떠올리며 마음속에 있는 말을 마음껏 해보세요.

● "내가 노력하는 거 안 보여? 이렇게 노력하고 있는데 좀 따라주면 안 돼? 즐겁게 봐줘도 되잖아. 하기 싫으면 그냥 하기 싫다고 하지 그 뚱한 표정은 뭐야? 나는 네 그런 모습이 더 화가 난다고! 네가 내 기분을 맞춰주려는 것 같아서 그게 더 미칠 것 같다고! 그런 똥 씹은 표정 하지마. 하기 싫으면 그냥 하지마! 다 때려치워. 다 때려치우라고!" 작가님, 자꾸만 '다 때려치워'라는 말이 올라와요.

○ 좋습니다. 계속 그 말을 뱉어보세요. 크게 뱉을수록 좋습니다.

● "다 때려치워! 다 때려치우라고! 다 때려치우란 말이야! 하기 싫음 다 때려치워!"

○ 소리치면서 제 질문에 답해보세요. 과거에 누가 그렇게 다 때려치우라고 했나요? 누가 그 말로 마음을 아프게 했나요?

● 엄마요. 퇴근하고 돌아온 엄마가 숙제랑 문제집 푸는 걸 봐주셨는데, 연년생인 동생은 금방 다 풀고 공부도 잘해서 엄마가 엄청 좋아했어요. 그런데 저는 억지로 공부를 했어요. 공부가 재미없었거든요. 재미가 없으니까 집중력도 짧고, 그래서 숙제를 하다가 딴짓을 하곤 했어요. 그러면 엄마가 무서운 표정으로 야단치고 저는 뚱한 표정으로 책상에 앉아서 억지로 끄적끄적거렸어요. 그럴 때마다 엄마가 화를 내면서 다 때려치우라고 했어요. (눈물을 흘린다) 그러고 보니 우리 아이가 바로 저였네요. 그래서 아이의 그 표정이 그렇게 싫었나봐요. 그런 상황이 정말 싫었어요.

○ "다 때려치워"라고 말한 친정엄마의 얼굴을 떠올려보세요. 그리고 그때 하지 못했던 말을 지금 여기서 한번 해보세요.

● "엄마, 그렇게 말하지마. 나도 잘하고 싶어! 나도 잘하고 싶은데 안 되는 거야. 무서운 표정으로 빨리하면 된다고 윽박지르지 말고 차근차근 알려줘. 무서워서 더 집중이 안 돼. 나한테 다 때려치우라고 하지마! 나도 동생보다 잘하고 싶어. 나도 잘해서 엄마를 기쁘게 해주고 싶다고. 나도 자랑스러운 딸이 되고 싶었다고(펑펑 운다)."

○ 충분히 우시길 바랍니다. 말씀하신 것처럼 친정엄마의 무서운 표정에 마음이 얼어붙어서 공부에 더 집중되지 않았던 겁니다. 차근차근 알려주면 하나씩 해결할 수 있었을 텐데 무턱대고 빨리하라고만 하

아이가 버거운 엄마 엄마가 필요한 아이

는 엄마 때문에 더 위축되고, '나는 공부를 못하는 아이인가봐. 엄마는 공부 잘하는 동생만 좋아해. 나는 쓸모없는 아이야'라는 상처받은 내면아이를 가진 채 성장했습니다.

그래서 내 아이는 공부 잘하는 아이가 되어서 나와는 다르게, 어디서든 당당하고 행복하게 잘 살길 바라는 마음으로 육아서도 읽고 책도 사서 읽어주었습니다. 하지만 과거의 상처 탓에 어느 순간 친정엄마와 같은 모습으로 아이를 대하고, 때로는 내 마음을 모르는 아이를 원망하고, 또 때로는 이것밖에 안 되는 내 모습에 좌절하면서 즐거움과 거리가 먼 일상을 살아가고 있습니다. 이건 어머님의 잘못이 아니에요. 어머님도 그럴 수밖에 없었던 거예요.

아이에게 책을 읽어주면 미처 두 권을 다 못 보고, 유명한 전집을 사줘도 잘 보지 않는다고 하셨습니다. 그 말인즉 지금까지 산 전집 중 몇 권을 제외하고는 거의 보지 않았다는 뜻인가요, 아니면 그렇게 매일 두 권씩 결국 전집을 다 보았지만 책을 읽어줄 때 계속 질문을 하는 바람에 트러블이 생겨서 한 번 읽을 때 두 권 이상 읽어주기 어려웠다는 뜻일까요?

● 후자 쪽입니다.

○ 그러면 시간은 좀 걸리겠지만 아이의 질문을 받아주며 읽는다면 두 권 이상도 읽어줄 수 있겠네요?

● 아, 그 생각은 못했습니다. 그냥 다른 집 아이들은 한 자리에서 다섯 권, 열 권, 스무 권도 넘게 계속 읽는다고 하니까 그 아이들보다 더

많이 읽어줘야 한다는 생각에 마음이 조급했던 것 같아요.

상처는 시야를 가린다

이것이 상처가 있는 사람의 전형적인 사고패턴이다. 상처는 나의 시
야를 가리고 경주마처럼 앞만 보고 달리게 만든다. 조금만 넓고 길게
생각해보면 문제를 해결할 방법이 떠오르고 소망하는 것을 이룰 수
있는데, 이상하게도 안 되는 것에 집착하며 안 되는 상황을 반복한
다. 물론 경험이 많은 사람을 찾아다니며 물어봐도 좋지만 나의 답을
타인에게서 계속 찾는 것은 한계가 있다.

앞서 소개한 분의 경우 공부를 못하는 아이, 쓸모없는 아이뿐 아
니라 차별받은 아이, 질투하는 아이, 죄책감을 가진 아이가 다 내면
에 있다. 상처받은 내면아이가 많으면 많을수록 자신을 잃어가고, 문
제 상황에서 해결책을 찾기도 더 어려울 수밖에 없다.

많은 사람들을 만나고 깊은 이야기를 나눌수록 어쩌면 나만 아팠
던 게 아니라 우리 모두 각자의 사연으로 아팠다는 생각이 든다. 이
렇게 아픈 이야기였기에 다시 꺼내어 들여다보는 것이 괴로워서 대
부분 그냥 묻어두고 살아가는 게 아닌가 싶다. 하지만 이미 삶에서
경험하고 있듯이 과거는 그저 옛이야기가 아니라 지금도 세대를 이
어 되풀이되고 있는 현재진행형인 이야기다. 그러니 억누르지 말고

안전한 장소에서 큰 소리로 하고 싶었던 말들을 마음껏 해보자. 그렇게 올라오는 감정을 온몸으로 느끼고 가벼워졌으면 한다.

간혹 내면아이가 너무 많아서 이 많은 상처를 언제 다 털어버릴 수 있을까 고민하는 경우가 있다. 그런 경우 이 말을 꼭 전하고 싶다. 모두 다 털어버리지 않아도 된다고. 지금 내 안에서 걷잡을 수 없이 올라와 사랑하는 사람에게 반복적으로 상처를 주고 있는 억눌려진 감정만 해결해도 충분하다고 말이다.

결국 우리가 과거를 들여다보는 것은 현재의 내 삶을 잘 살아가기 위해서다. 현재를 잘 살기 위해서 나의 내면을 들여다보고 과거의 상처를 청소하는 것이지 과거를 청소하기 위해 현재의 삶을 살아가는 것은 결코 아니다. 아이를 키우는 동안 급한 불은 끄면서 어른으로서 부모로서 책임과 사랑을 전해주면 된다. 일상생활에서 소위 부정적인 감정이라 일컫는 화나 분노가 올라오지 않는다면 아이와 함께 웃으며 즐겁고 행복한 시간으로 하루하루를 채워가면 된다.

하지만 그런 날들 속에서 불현듯 아이나 남편, 직장 동료나 지인, 책이나 영화, SNS를 통해서 내면의 불편한 감정이 건드려질 땐 과거 상처받았던 지점으로 되돌아가 그때 하지 못한 말을 뱉어보는 것이 큰 도움이 된다. 그러다 보면 자연스럽게 억눌린 감정이 반응하게 되는데, 그 감정을 그대로 느껴주면 상처가 정화되면서 내 안의 분노가 잦아들고, 차츰차츰 몸과 마음이 긍정적인 에너지로 채워져 나와 주변을 바라보는 시선이 넓어진다.

● 아이가 뭘 하다가 자기 뜻대로 안되면 못 하겠다고 합니다. 종이접기를 할 때도 조금 하다가 잘 안 되면 못 하겠다고 하고, 그림을 그리다가도 줄이 조금만 비뚤어지면 못 하겠다고 합니다. 받아쓰기 연습을 하다가도, 수학 문제집을 풀다가도 조금만 어렵고 복잡해지면 못 하겠다고 해요. 막상 어르고 달래서 연습을 시키면 잘하는데 해보기도 전에 대뜸 "못 하겠어"라고 말하면 제 속에서 불이 납니다. 그걸 참자니 너무 화가 나고, 언제까지 어르고 달래야 하는지 정말 답답합니다.

○ 마음 안에 '못 하겠다'와 관련된 상처가 있어서 그렇습니다. 어머님은 '못 한다'는 말을 못 하고 자란 경우인가요, 아니면 '못 한다'는 말을 하고 혼나면서 자란 경우인가요?

● 저는 '못 한다'는 말을 할 수 없었습니다. 엄마는 자식들에게 정말 희생하는 분이셨어요. 항상 걱정하고, 염려하고, 그런 만큼 잘 챙겨주기도 하셨죠. 그래서 지금도 그건 감사하게 생각하지만 스스로 벅찰 때가 많았습니다.

○ 그러셨군요. 항상 근심 걱정에 희생하는 엄마 밑에서 자라면서 엄마가 조금이라도 덜 걱정하시도록 완벽해지려고 노력했고 그게 때로는 참 벅찼을 거예요. 그런 엄마의 모습을 지금 떠올려보세요. 그리고 엄마에게 제가 하는 말을 따라서 외쳐보세요. 감정을 담아서 말

하는 게 중요합니다. "엄마, 하기 싫어. 나 못하겠어."

● 아, 도저히 못 하겠어요. 할 수가 없어요. 어떻게 그런 말을 해요. 엄마가 얼마나 희생하고 계시는지 다 아는데, 어떻게 그런 말을 해요. 못하겠어요.

○ 아마 그래서 계속 꾸역꾸역 참아오셨을 거예요. 이제껏 그런 말을 해보지 못하고, 하기 싫어도 억지로 애를 쓰며 살아왔는데 아이가 해보지도 않고 대뜸 못 하겠다고 하니 너무 화가 나는 거지요. 엄마한테 말하기 힘들면 아이에게 먼저 해보세요. 못 하겠다고 하는 아이의 모습을 떠올려보세요. 그림을 그리다가 선이 살짝 삐뚤어졌다고 못 하겠다는 아이, 수학 문제를 풀다가 조금만 복잡해 보여도 못하겠다는 아이를 떠올리며 하고 싶은 말을 모두 다 뱉어보세요.

● "그냥 해! 못 하긴 뭘 못 해! 해보지도 않았잖아. 너도 잘하고 싶다고 했잖아. 왜 해보지도 않고 못 한다고 그래. 연습 안 하고 잘하는 사람이 어디 있어? 연습하라고. 계속 연습하면 되니까 해. 하기는 싫고, 잘하고만 싶은 거야? 그건 욕심이야."

○ 누가 계속 연습하라고 했어요? 어린 시절에 누가 계속 노력하면 다 된다고 말했어요?

● 엄마가 그러셨어요. 계속하면 된다고. 노력하면 된다고, 계속 연습하면 잘할 수 있다고.

○ 그 당시 친정엄마의 얼굴을 상상하면서 그때 하지 못했던 말을 해보세요. 어머님은 노력하는 게 힘들고 벅찼던 분이에요. 끊임없이

노력하고, 또 노력했지만 그게 정말 힘드셨어요. 그런데 엄마의 희생을 아니까 그만하고 싶다는 말, 더 이상 못 하겠다는 말을 꺼내지 못했어요. 그러니 지금 해보세요. "엄마, 힘들어. 나 그만하고 싶어. 정말 못 하겠어."

● "엄마, 나 힘들어. 정말 힘들어. 더 이상 못 하겠어. 너무 버거워. 그만하고 싶어."

○ 엄마가 뭐라고 하세요?

● 슬픈 목소리로, 걱정하는 얼굴로 '그래도 노력해야지. 그래도 연습해보자'라고 하세요.

○ 싫다고 하세요. 더 이상 못하겠다고 하세요. 너무 지쳤다고, 너무 힘들었다고 하세요.

● "엄마, 나 하기 싫어. 안 할 거야. 나도 놀고 싶어. 나도 다른 아이들처럼 재미있게 놀고 싶어. 엄마 말대로 연습하고 노력했는데 끝이 없어. 세상에 노력해야 하는 게 너무 많아. 나 이제 지쳐. 이걸 언제까지 해야 해? 내 나이가 마흔이야. 학교 들어가서부터 지금까지 쉬지 않고 노력했어. 연습하면 된다고 해서 끊임없이 했는데, 이제 일 말고는 사람들과 무슨 말을 해야 할지 모르겠어. 심지어 아이하고도 어떤 말을 해야 할지 모르겠어. 엄마, 이것도 노력하면 돼? 이것도 연습하면 될까? (눈물이 쏟아진다) 근데 언제까지 해? 나 진짜 힘들어. 쉬고 싶어. 아무것도 하고 싶지 않아. 왜 사는지 모르겠어. 우울해. 정말 우울해."

○ 많이 우시기 바랍니다. 내 상처와 맞닿은 울음은 철학자 키에르케고

르의 말처럼 우리의 분노를 해소하고, 상처 입은 가슴을 씻어냅니다. 어머님은 어려서부터 끊임없이 노력하고 연습하면서 받아왔던 상처가 아이의 '못 하겠다'는 말에 건드려져 힘든 일상을 보내고 계셨습니다. 상처는 선물을 주기도 하기에 아마도 남들이 보기엔 번듯한 직장을 가지고 있고, 때때로 "네가 무슨 걱정이 있어?"라며 부럽다는 말도 들으실 겁니다.

● 맞습니다. 말씀하신 그대로예요.

○ 근데 중요한 건 남들이 다 부러워하는 나의 삶이 나는 정말 힘들다는 것입니다. 내가 누구든, 어디에 있든, 무슨 일을 하고 어떻게 살든 중요한 건 내 삶이 너무 벅차다는 것입니다. 남들이 아무리 부러워해봤자 내가 괴로운데 그게 무슨 의미가 있을까요. 그러므로 상처받은 내면아이를 들여다보고 그 아이의 마음에 많이 공감하면서 털어내는 시간을 가져보길 바랍니다.

● 아이가 만화책을 읽는 게 싫습니다. 만화책을 안 보여주려고 오랫동안 노력했는데 학교에 들어가고 나니 어쩔 수가 없더라고요. 학교 도서관에도 만화책이 있고, 서점에도 있고, 한 번 노출되고 나니 통제가 안 돼요. 제가 왜 이렇게 만화책 보는 아이에게 짜증이 나는지 생각해봤는데 저러다가 계속 만화책만 볼까봐 걱정이 되어서 그렇

더라고요.

○ 그건 진짜 이유가 아닙니다. 거기서 더 파고들어가야 합니다. 제가 질문을 드릴 테니 그냥 딱 떠오르는 걸 바로 대답해주세요. 아이가 만화책만 계속 보면 어떻게 되지요?

● 안 돼요. 그러면 공부를 못해요.

○ 공부를 못하면 어떻게 되지요?

● 무능해져요.

○ 무능해지면 어떻게 되지요?

● 다른 사람들에게 폐만 끼치게 돼요.

○ 다른 사람들에게 폐를 끼치면 어떻게 되지요?

● 사람들에게 손가락질을 받아요. 손가락질 받는 건 싫어요. 그렇게 되면 살 가치가 없다고 생각돼요.

○ 누가 손가락질을 했나요? 어머님의 삶에 있어서 무능하다는 이유로 손가락질을 받았던 사람이 누구예요?

● 아빠요. 온 동네 사람들이 아빠에게 손가락질을 했어요. 부모님이 농사를 지으셨는데 일은 거의 엄마가 했어요. 아빠는 틈만 나면 친구들이랑 화투를 치고, 화투를 치다 보면 술을 마시고, 술을 마시면 고주망태가 되어서 동네가 떠나갈 듯 소리치고 싸우고 비틀대다 논두렁에 빠지기도 했지요. 너무 자주 그러니까 동네 사람들이 아빠만 보면 손가락질을 했어요. 제가 지나갈 때도 누구 딸이라고 손가락질을 하고요. 근데 제가 아빠를 닮았어요. 사람들이 어쩜 그렇

게 아빠를 닮았냐고 하는데 그 말이 진짜 듣기 싫었어요.

○ 아빠가 미웠나요?

● 네. 아빠가 미운 만큼 엄마의 사랑을 받고 싶었는데 엄마는 저를 예뻐하지 않았어요. 제가 아빠를 닮아서 그런 건지, 오빠처럼 공부를 잘하지 않아서 그런 건지, 딸이라서 그런 건지는 잘 모르겠지만 오빠만 예뻐했어요.

○ 눈을 감고 아빠를 떠올리며 그때 하지 못한 말을 할 수 있을까요?

● "정신 차려! 도대체 뭐 하는 거야? 사람들이 손가락질하는 거 안 보여? 대체 왜 그러고 살아? 엄마가 고생하는 거 안 보여? 어떻게 아빠라는 사람이 이렇게 무책임해? 애를 낳았으면 책임을 져야 할 거 아니야. 자식들 창피하게 뭐 하는 짓이야?"

○ 엄마에게도 하고 싶은 말을 해보세요.

● "왜 오빠만 좋아해? 오빠가 공부를 잘해서? 나도 오빠만큼은 아니지만 공부 잘하잖아. 나는 방 청소도 하고, 설거지도 하고, 집안일도 도와주잖아. 그런 건 안 중요해? 왜 나는 칭찬을 안 해줘! 나도 오빠처럼 네 덕분에 산다고, 너밖에 없다고 왜 그런 얘기를 안 해줘? 나도 인정받고 싶다고!"

○ 인정받고 싶으셨군요. 오빠처럼 공부를 잘해서 엄마의 인정을 받고 싶었던 거네요. 내 아이가 공부를 못하면 아빠처럼, 나처럼 무능해지고, 손가락질을 받고, 인정받을 수 없으니까 공부를 잘해야 했군요.

● 네, 오빠가 늘 말했어요. 열심히 공부해서 나중에 엄마를 호강시켜

준다고요. 그러면 엄마는 오빠를 보며 너밖에 없다고, 공부 열심히 하라고 웃어줬어요. 집에서 저는 아무리 열심히 해도 그냥 아빠를 닮은 아이였어요.

○ 본인에게 아빠를 닮았다고 했던, 손가락질을 했던 동네 사람들에게도 하고 싶은 말을 다 쏟아내보세요.

● "닥쳐! 말이면 다야? 말이면 다냐고! 할 말이 있고, 해서는 안 되는 말이 있어. 왜 그렇게 생각이 없어? 바보야? 머리가 비었어? 당신들 같으면 온 동네 사람들이 손가락질하는 사람을 닮았다는 말이 듣고 싶겠어? 아무리 아빠라도 그렇지, 아무리 닮아도 그렇지, 폐만 끼치고 좋아하는 사람이 아무도 없는 그런 사람을(펑펑 운다)⋯."

○ 많이 우세요. 그렇게 꺼이꺼이 울면서 어머님 안에 오랫동안 고여 있던 상처들을 털어내고 가벼워진 마음으로 '지금 현재'를 살아가면 됩니다. 어머님은 온 동네 사람들의 손가락질을 받았던 무능한 아빠에 대한 분노와 공부 잘하는 오빠만 인정했던 엄마로부터 받았던 설움이 해결되지 못한 채 마음속에 남아 있습니다. 그 상처받은 내면아이가 현재 만화책을 보고 있는 내 아이의 모습을 통해 건드려진 것입니다. 만화책만 봐도 하버드 대학에 간 사람이 있고, 공부를 못해도 사랑과 인정을 받으며 살아가는 사람들이 있지만 상처로 시야가 가려진 어머님에겐 그런 이야기들이 들리지 않습니다. 그러니 많이 울면서 어머님의 아픔을 애도해주세요. 그래야 머리가 아는 이야기가 가슴으로 내려가고 내 아이의 가슴과도 소통할 수 있으니까요.

아이가 버거운 엄마 엄마가 필요한 아이

🌸 공부는 감정이다

대체로 우리나라 사람들은 공부를 중요하게 생각한다. 초등학교 입학 전부터 읽고 쓰기는 물론 영어와 수학, 미술과 피아노, 줄넘기까지 배우고, 중학교에 들어가기 전에도 학교에서 배울 영어와 수학을 미리 훑어보고 들어간다. 초등 때부터 이러한데 중고등 때는 말해 무엇할까. 그런 만큼 공부로 인한 아이들의 상처가 많다. 그 사례만 모아도 충분히 한 권의 책이 될 만큼 학업과 관련된 다양한 내면아이, 억눌린 감정들이 있다. 그 상처는 지금 현재로부터 시작된 것이 아니다. 어떤 분은 비교, 어떤 분은 무능, 또 어떤 분은 가난, 죄책감, 외로움, 수치심, 인정욕구 등 결국은 사랑받고 싶었으나 그 욕구가 좌절되고 억눌려진 마음이 세대를 거쳐 되풀이되는 것이다.

매일 한 권의 책을 읽는 아이와 다섯 권의 책을 읽는 아이가 있다고 하자. 그런데 다섯 권을 읽는 아이의 부모는 그 정도에 만족하지 못한다. 그래서 아이에게 "이건 겨우 그림책이잖아. 이렇게 쉬운 책은 좀 더 읽어야 해. 열 권 정도는 읽어줘야 어디 가서 책 좀 읽었다고 할 수 있어. 너는 어쩜 이렇게 놀 생각만 하니? 좀 더 읽어"라고 말한다. 자라는 동안 이런 메시지를 끊임없이 받은 아이는 매일매일 자신이 부족하다고 믿으며 성장한다. 반면 하루에 한 권만 읽어도 엄마의 눈에서 꿀이 뚝뚝 떨어지며 참 멋지다고 칭찬해준 아이는 세 권의 책을 읽은 날 뿌듯해하며 스스로를 정말 자랑스럽게 여긴다. 이것은 곧 아이의 자존감으로 이어진다.

물론 매일 다섯 권씩 읽은 아이와 한 권만 읽으며 자란 아이의 시간이 1년, 5년, 10년씩 유지된다면 더 많은 책을 읽은 아이가 학업에서 더 좋은 성적을 얻고, 더 좋은 대학에 가고, 더 좋은 직업을 가질 확률이 높다. 하지만 사회로 나갔을 때 아무리 머릿속에 든 지식의 양이 많고 좋은 대학을 나와 좋은 회사에 입사해도 '난 부족해'란 메시지에서 벗어날 수 없다. 회사에서 새로운 프로젝트나 기회가 왔을 때도 '나는 아직 준비되지 않았어'라는 생각에 그 기회를 놓치며 자책하거나 기회를 잡은 다른 사람들을 시기 또는 질투하며 살아간다. 혹은 자신의 부족함을 들키지 않으려고 과도하게 스스로를 몰아붙이다가 그 스트레스를 가정에 퍼붓거나 혼자 움켜쥐며 불행하게 살아가기도 한다.

육아도 마찬가지다. 엄마로부터 '부족하다'는 메시지를 받으며 자란 상처는 까맣게 잊고 자신의 아이에게 "난 다섯 권을 읽고도 부족했어. 그러니까 너는 더 읽어야 돼. 내가 책을 적게 읽어서 얼마나 괴로웠는지 알아? 다 널 위해서 이러는 거야"라며 상처를 대물림한다.

반대로 한 권을 읽어도 칭찬받으며 자란 아이는 다섯 권을 읽은 아이보다 좋은 대학에 가지 못할 수도 있고, 좋은 직장에 취직하지 못할 수도 있다. 하지만 자신이 정말 자랑스럽고 멋지다고 생각하기에 두려움 없이 도전하고 기회가 오면 "제가 해보겠습니다!"라고 말하며 적극적으로 행동한다. 그런데 신기한 건 이런 사람들이 또 잘

아이가 버거운 엄마 엄마가 필요한 아이

해낸다는 것이다. 자신에 대한 만족감과 성취감은 자연스레 더욱 높아지고 삶 또한 행복하고 만족스러울 수밖에 없다. 물론 때로는 도전에 좌절할 수도 있지만 좌절이 곧 자신의 실패를 뜻하지 않는다는 것을 알기에 다시 도전하며 앞으로 나아간다. 도전에 대한 욕구도 자신이 하고 싶으면 하고, 원하지 않으면 넘길 줄도 안다. 중요한 건 자기 무능이나 타인에 대한 시기, 질투로 자신을 괴롭히지 않고 내가 주인공인 삶을 살아가는 것이다.

공부는 감정이다. 아이의 학습 능력을 키우는 것은 좋지만 아이의 마음을 다치게 하면서까지 몰아붙이지 않았으면 한다. 긴 인생을 만족스럽게 하는 것은 결국 감정, 즉 자존감이기 때문이다.

현명하게 아이의 학습 능력을 키워주는 법

세상이 달라지고 교육제도가 아무리 바뀌어도 변함없이 아이의 성장에 날개를 달아줄 수 있는 학습 방법이 있다면 얼마나 좋을까? 세 아이를 키우며 읽었던 수많은 책과 육아 멘토로 활동하며 만난 많은 분들을 통해 시간이 흐를수록 확신하게 된 몇 가지 교육 방법을 소개해본다. 아직 미취학 아이를 키우고 있거나 학습과 관련하여 자녀와의 관계가 엇나가고 있는 부모라면 꼭 실천해보길 바란다.

① 배움은 꿀처럼 달콤하고 즐겁다

공부가 즐겁지 않다는 건 우리가 즐겁게 공부해본 경험이 없기 때문이다. 주변에서 "나는 영어를 공부라고 생각해본 적이 없다. 재미있어서 하다 보니 잘하게 되었다" "나는 수학이 참 재미있었다. 열심히 고민하다가 문제가 풀렸을 때의 쾌감이 정말 좋았다"라는 말을 들어보았다면 이 말에 수긍할 수 있을 것이다. 재미있어서 계속했고, 계속하다 보니 잘하게 된 사례는 매우 많다. 반대로 하기 싫은 것을 억지로 하는 데는 한계가 있다. 따라서 적어도 어린 시절의 공부는 즐거움에 방점을 두었으면 좋겠다.

물론 어떤 분야든 잘하기까지는 재미를 못 느낄 수도 있기에 어느 정도의 수준에 이를 수 있도록 옆에서 습관을 잡아주는 것은 의미가 있다. 하지만 그 과정이 재미없고 힘들기만 하다면 그때 새겨진 감정이 무의식에 남게 되고, 공부가 더 하기 싫어지는 혹은 자기 모습이 만족스럽지 않은 악순환의 고리가 생길 수 있다는 것을 기억해야 한다.

대표적인 경우가 수학이다. 취학 전부터 정말 많은 아이가 연산 문제집을 풀며 수학 공부를 시작하지만 그 어떤 과목보다 빨리 포기해버리는 과목이 수학이다. 수학이 다른 교육과정에 비해 정말 어려워서 그럴까? 아니다. 수학에 질려서 그렇다. 수학이 즐겁고 재미난 것이 아니라 엄마의 잔소리와 걱정, 불안이 함께 주입되어 아이들의

아이가 버거운 엄마 엄마가 필요한 아이

마음속에 생각만 해도 머리 아픈 과목이 되어버려서 그렇다. '수포자'는 있어도 '국포자'가 없다는 점은 우리에게 많은 것을 시사한다. 아이들에게 배움이 즐거웠으면 좋겠다. 그래야 오래 배울 수 있고 값진 성과도 자연스레 따라오는 법이다.

② 독서는 모든 공부의 기본이다

초등학교를 졸업하는 시기까지 아이의 학습력을 끌어내는 1순위 도구는 '책'이어야 한다. 독서는 뇌의 작용을 변화시키는 가장 놀랍고도 쉬운 도구다. 독서가 아이에게 주는 어휘력, 이해력, 사고력, 표현력, 창의력, 통찰력, 문해력, 추론력, 비판력 등이 길러지는 데는 많은 시간이 필요하다. 기껏 취학 전 얼마간의 책 읽기로 만족하고 입학 후에는 성적을 위한 공부와 학원으로 내달린다면 그전에 했던 독서는 빛을 발하기 어렵다. 이것은 논리력과 입체적 사고가 발달하는 뇌의 발달 시기와도 연결된다. 넓어진 만큼 깊어지고 깊어진 만큼 넓어지니 학습적인 성취를 바란다면 더더욱 독서라는 샘을 먼저 깊고 넓게 팠으면 좋겠다.

물론 영어나 수학 등 그 밖의 공부를 하지 말라는 건 아니다. 무엇보다 우선순위를 독서에 두었으면 한다는 뜻이다. 물론 독서의 대전제 역시 즐거움이다. 읽은 책을 또 읽어달라고 하면 또 읽어주면 되고, 끊임없이 새로운 책을 원한다면 새 책을 주면 되고, 나이보다 읽기 어려운 책을 원한다면 그러한 책을 사주면 되고, 책을 읽으며 아이가 대화하길 원한다면 그렇게 해주면 될 일이다. 만화책도 마찬가지다. 즐거움이 우선이다. 아이에게 책 읽기의 즐거움을 안겨줄 수 있다면 학습과 관련된 육아의 80퍼센트 이상은 주었다고 보면 된다. 공부는 아이가 하는 것이니까 말이다(독서에 관해서는 전작인 《결과가 증명하는 20년 책육아의 기적》에 충분한 이야기를 담아두었으니 참고하면 좋을 것이다).

③ 놀이는 아이의 창의성을 키운다

모든 아이는 '놀이'를 좋아한다. 좋아하니 계속하고 싶어 하고 계속하다 보면 잘하게 된다. 놀이를 통해 길러지는 사고력 발달과 성취감, 자신감, 타인의 감정을 배려하는 성품과 사회성 발달, 집중력과 문제해결력, 호기심과 도전정신, 상상력과 표현력, 건강한 신체와 정신, 그뿐만 아니라 미래 인재의 첫 번째 역량인 '창의성'까지도 놀이를 통해 자연스럽게 길러진다. 이것은 놀이를 학습적으로 접근하고 전달해서가 아니다. 그저 놀이 자체의 힘이다. 아무런 목적 없이 주변의 환경을 이용해 아이의 주도로 마음껏 놀 때 응당 주어지는 것이다.

요즘은 과거와 달리 집 밖에 나가도 함께 놀 친구가 없고, 같이 놀 공간도 부족하다. 그러다 보니 주로 집에서 부모와 함께 있는 아이들이 많은데, 아이와 노는 걸 힘들어하는 부모들이 제법 많다. 이럴 때 아이와 놀아주어야 한다는 부담감을 살짝 내려놓고, 그저 재밌게 놀

아이가 버거운 엄마 엄마가 필요한 아이

수 있는 환경을 깔아주고 아이를 따라가면 된다고 생각해보자.

또한 놀이에 대한 개념을 확장해보자. 놀이의 사전적 의미는 '함께 모여 즐겁게 노는 일'이다. 무엇을 하든 함께 즐거우면 된다. 즉 대화도 놀이고, 춤추고 노래 부르기도 놀이고, 놀이터에서 노는 것도 놀이고, 함께 영화를 보는 것도 놀이다(놀이에 관해서는 전작인《세 아이 영재로 키운 초간단 놀이육아》에 더 많은 이야기와 방법을 소개해두었으니 참고하면 좋을 것이다).

④ 대화는 세상과 소통하는 창을 열어준다

대화를 잃으면 아이를 잃는다고 생각한다. 특히 대화가 없는 가족관계는 앙꼬 없는 찐빵처럼 껍데기만 남고, 돌아오지 않는 메아리처럼 공허하다. 주변을 둘러보면 아이가 커갈수록 부모와 자식 간에 대화가 줄어드는 것을 볼 수 있다. 초등학교 고학년만 되어도 아빠와는 인사만 나누고, 중학교에 가면 그나마 연결되어 있던 엄마와도 공부 이야기로 서로 상처를 주고받는 경우가 많다.

이야기를 주고받는다고 모두 대화가 아니다. 대화의 기본은 '소통'이다. 서로 뜻이 통해야 하고 이 역시 즐거워야 한다. 대화가 즐거우면 계속 이야기를 나누게 되고, 계속 이야기하다 보면 서로에 대해 더 잘 알게 되고, 믿게 되고, 이해하게 되고, 사랑하게 된다. 아이를 설득시키기 위한 대화가 아니라, 아이의 생각과 마음을 캐내는 대화가 아니라, 아이의 모든 말이 정답이 되는 열린 대화를 나눠보자. 그러면 그 과정에서 자연스럽게 아이의 표현력이 자라고, 사고력이 자라고, 생각이 다듬어지고, 엄마 아빠와 소통이 된 만큼 세상과도 소통할 수 있게 된다(열린 대화에 관한 예시는 전작인《결과가 증명하는 20년 책육아의 기적》독후활동 편을 참고하면 좋을 것이다).

⑤ 영어 학습에 동영상을 활용하자

20년이 넘는 시간 동안 육아로 인해 많은 사람들을 만나고 경험하면서 알게 된 것이 있다. 영어교육만큼은 동영상이 으뜸이라는 것이다. 영어가 모국어가 아닌 이상 우리는 따로 시간과 에너지를 써야 영어를 배울 수 있다. 이때 막연한 소리의 노출보다 등장인물들의 움직임이나 행동이 캐릭터의 대사 또는 대화와 일치되는 영상을 활용하면 영어의 뜻을 보다 쉽게 추측하고 이해할 수 있다. 따라서 동영상 교육은 가성비 좋은 영어 학습이 될 수 있다.

게다가 영상물은 아이의 시선을 사로잡고 재미 또한 있기에 지속적인 학습이 가능하고 이런 식으로 반복하다 보면 결국 잘할 수밖에 없다. 다만 너무 이른 연령의 아이들이라면 영상물이 주는 강렬한 시청각적 자극은 다른 좋은 자극에서 멀어지게 하고 영상물 중독으로 이어질 수 있으니 각별한 주의가 필요하다. 36개월이 지나면 조금씩 영어 DVD나 유튜브, OTT플랫폼 등을 활용해 영어에 노출되는 환경을 만들어주자. 아이가 재미있게 볼 수 있는 영상물을 찾아서 반복적으로 노출해주되 나중에 읽고 쓰기로 넘어갈 때도 '재미'라는 부분을 꼭 놓치지 않았으면 한다.

⑥ 재미있는 교구로 수학의 재미를 심어주자

수학 역시 재미가 우선이다. 재미있게 다가가려면 구체물이 으뜸이고, 구체물로 손쉽게 접근할 수 있는 최고의 방법은 '교구'다. 교구라고 해서 한 세트에 몇 십만 원, 몇 백만 원짜리를 구입할 필요는 없다. 마트나 온라인샵에서 비교적 저렴하게 살 수 있는 부루마블, 루미큐브, 할리갈리, 펜토미노, 주차장 게임, 칠교놀이 같은 보드게임은 그야말로 가성비 최고인 지능개발 교구다. 또한 주변에서 쉽게 구할 수 있는 공깃돌이나 바둑알, 주사위도 좋은 교구가 될 수 있다. 수학은 크게 수, 연산, 분류, 측도, 공간, 도형, 패턴 등으로 세분화할 수 있는데 여기에 맞는 재미있는 교구들을 찾아서 아이와 함께 그저 즐겁게 놀면 된다. 규칙이나 방법을 정확하게 지켜야 한다거나 계산을 똑바로 해야 한다면서 싸우거나 화내지 말고 이기고 싶은 아이의 마음을 허용해주고 실수할 수 있는 자유를 주면서 같이 즐겨보자.

누구든지 오랜 시간 동안 반복한 경험은 임계점을 지나 재능과 능력으로 피어난다. 중요한 것은 반복이 즐거워야 한다는 것이다. 즐거운 반복은 재능으로 꽃피지만 강요된 반복은 재능이 있어도 스스로 사장시키고 만다. 이를테면 마땅히 주어진 책임과 의무, 도리로써 요리했던 여성보다 엄마의 사랑이 담긴 밥을 먹고 자란 향수, 재미와 즐거움으로 요리를 접한 남자들이 요리사란 직업을 많이 선택하는 것처럼 말이다. 학습에 있어서 부모의 역할은 감시자나 비판자가 아님을 꼭 기억하자.

⑦ 아이의 관심사 따라가기

아이의 관심사는 힘을 가지고 있다. 언뜻 보면 가치를 알 수 없는 흔해 빠진 돌덩이 같지만 파고들어가보면 관심사를 따라가는 것이야말로 아이 안에 있는 빛나는 보석을 캐내는 과정이다. 좋아하지 않으면 파고들 수 없고, 파고든다는 건 하나밖에 모르는 좁은 사람이 아니라 한 분야의 전문가가 되는 놀라운 일이다.

세 아이의 경우 동화 속에 나오는 '공주'를 통해 세계 여러 나라에 관심을 가지게 되었고 세계사에도 흥미를 느꼈다. 공주를 매개로 하는 복식, 문화, 인물 등 다양한 영역의 상식을 넓혀가며 배움의 재미 또한 맛봤다. 그뿐만 아니라 '바비 시리즈'를 통해 피아노 치는 즐거움을 알게 되었고, 피아노 대회에서 수상도 해보았으며, 여러 작곡가의 생애도 접하게 되었다. 또 한번은 '개'에 관심이 생겨 이에 관한 수많은 영화를 보거나 독서를 하고, 수의사란 직업에 대해서도 탐구해보았다. 이러한 과정들은 무엇과도 바꿀 수 없는 즐거운 추억이 되고,

더 나아가 배움에 대한 즐거움을 아는 아이들로 자라나는 기쁨을 안겨주었다. 세 아이뿐 아니라 나의 책과 강연을 통해 만난 분들의 자녀들 또한 마찬가지다. 가령 〈겨울왕국〉에 관심을 가지게 된 아이가 국제환경보호단체에서 일하겠다는 꿈을 가지고 열심히 영어와 환경에 관한 공부를 하고 있다는 등의 소식은 언제 들어도 참 설렌다.

아이를 따라가자. 특정 분야가 아니어도 괜찮다. 책 읽는 방식이나 놀이 방법 등은 전혀 중요하지 않다. 그저 아이를 따라가며 함께 호흡하는 것만으로도 부모와의 사랑탑을 쌓을 수 있고, 책을 좋아하는 아이라면 관심사에 관한 독서로 더 많은 세계를 알아가는 재미를 알게 될 것이다(아이의 관심사에 관해서는 전작인 《내 아이 위대한 힘을 끌어내는 영재 레시피》와 《엄마 공부가 끝나면 아이 공부는 시작된다》에서 더 많은 내용을 다루고 있으니 참고하면 좋을 것이다).

⑧ 경험은 아이의 세포에 새겨진다

지식이 없는 경험은 맹목적이고 경험이 없는 지식은 위험하다. 그러므로 인간의 성장에는 둘 모두가 필요하다. 아이의 학습 역량을 키워주는 1순위 도구로 '책'을 꼽았다 하더라도 그만큼 책을 중요하게 생각했으면 좋겠다는 바람이지 '책 읽기'만을 강요하길 바라는 건 아니다. 사과를 직접 만져보고 먹어보는 것과 책을 통해서만 아는 것 중 어느 것이 더 즐거울까? 어느 것이 아이의 마음에 더 가닿을까? 당연히 직접 경험하는 것이 훨씬 더 즐겁고 오래 기억된다. 직접 경험은 책으로 알게 된 세계를 더 구체화하며 책 읽기를 통해 알아가는 즐거움을 배가시켜준다. 게다가 책 읽기의 즐거움을 잘 모르는 아이들에게는 직접 경험이 책으로 이어지는 교량 역할을 해준다. 따라서 책을 통해 만난 세계는 직접 경험을 통해 확장되고, 직접 경험을 통해 알게 된 세계는 책을 통해 더 단단히 뿌리 내릴 수 있도록 도와주어야 한다. 그렇다고 너무 거창한 경험들만 생각할 필요는 없다. 아이가 어릴수록 이 세상 자체가 아이에겐 거대한 놀이터이기 때문이다.

내 아이에게 가르쳐주어야 할 것

생의 주기가 길어지고, 특정 지역과 특정 분야에 인구밀도가 높아진 치열한 경쟁사회 속에서 아이들을 아무런 대책 없이 그냥 키우는 것은 어떤 의미에서 방치와 다르지 않다고 생각한다. 나의 성장기뿐 아니라 20년 이상 세 아이를 키우면서 느낀 것은 우리 사회엔 엄연한 차별이 존재하고, 특히 사회로 나오기 전인 학창 시절에는 성적으로 인한 불공정한 대접이 존재하기에 공부를 잘하는 것은 아이에게 장점이 된다는 것이었다.

하지만 사랑으로 지켜보는 공부가 아니라 부모의 상처로 인한 과도한 교육열이라면 이 역효과는 아이의 전 생애를 두고 따라다닌다는 것을 꼭 기억했으면 좋겠다. 부모가 아이에게 주고자 한 것이 '능력'일지라도 아이에게 닿은 것은 '상처'일 테니까 말이다. 즉 자녀교육에 있어서 학습적인 부분을 고려하되 배움의 즐거움과 함께 아이의 감성을 반드시 챙겨주어야 한다. 대부분의 과도한 학습 시간과 양은 시간이 지날수록 아이의 고통이 된다. 문제는 그러한 고통이 또 다른 고통을 낳는다는 것이다. 대학에 가면, 대학을 졸업하고 나면, 또 취업을 하고 나면 끝이 아니라 공부하는 시간 동안 억눌러둔 감정들이 아이 안에 고스란히 남아 삶의 곳곳에서 화산처럼 터져 나온다.

미리 배우는 것이 문제가 아니다. 엄마표인지 사교육인지는 중요하지 않다. 교육에 들어가는 돈이 얼마나 되는지도 핵심이 아니다. 아이들이 공부로 너무 많은 시간을 보낸다는 것은 삶에서 경험해야 할 다른 것들을 배울 기회가 부족하다는 뜻이다. 아이에게 삶이 무엇인지 알려주고, 삶은 단지 죽음으로 가는 여정이 아니라 살아감으로써 기쁨과 감사함을 느낄 수 있는 축복임을 알게 해주는 것이 훨씬 더 중요하다. 누군가 짜준 계획대로 움직이는 것이 아니라 자기 삶을 주도적으로 탐색하며 자신을 알아가고, 그렇게 삶의 목표를 스스로 정할 수 있어야 한다.

아이가 걷게 되면 잡았던 손을 놓아야 하듯이 어느 정도 아이를 키우고 나면 정신적으로도 놓아주는 사랑을 실천해야 한다. 그래야 아이는 자신의 힘을 온전히 믿고 독립할 수 있다. 그 시작은 부모가 자신의 마음을 들여다보는 것으로 가능하다.

고양이 목에 방울 달기

늘 고양이에게 잡아먹힐까봐 전전긍긍하던 쥐들이 한자리에 모여 회의를 열었다.

"무슨 수를 쓰지 않으면 고양이에게 모두 잡아먹히고 말 거야!"

"무슨 좋은 방법이 없을까?"

그 누구도 아이디어를 제시하지 못하던 그때,

젊은 쥐 한 마리가 뾰족한 생각이 있다며 입을 열었다.

"고양이 목에 방울을 매달아요. 그러면 방울 소리를 듣고서 재빨리 도망칠 수 있으니까요!"

정말 좋은 생각이라며 다들 환호했지만 다른 쥐 한 마리가 절레절레 고개를 저었다.

"그런데 고양이 목에 방울은 누가 달지요?"

자신이 하겠다고 나서는 쥐는 아무도 없었다.

고양이에게 잡아먹힐 위험을 감수할 수는 없었기 때문이다.

생각 더하기

결국 실천할 수 없으면 좋은 생각이 아니라는 교훈을 남기며 이 이야기는 끝이 난다. 하지만 혹시 과도한 두려움은 아니었을까? 해보지도 않고 지레짐작으로 포기한 것은 아니었을까?

8장

남의 편이라 남편인가요?

남편과의 소통이 어려워
육아가 힘든 엄마

결혼 그 자체는
좋다, 나쁘다라고 할 수 없다.
결혼의 성공과 실패는
우리 자신에게 달려 있기 때문이다.

_ 앙드레 모로아(Andre Maurois, 프랑스 작가)

아, 이런 말 정말 부담스러워요.
다 내가 하기 나름이라는 말은
모든 갈등과 문제, 해결책까지
다 나에게 달려 있다는 말이잖아요!

아이가 버거운 엄마 엄마가 필요한 아이

'부부'는 가정이란 공간을 만드는 최초의 구성원이자 하나의 세계를 만드는 두 개의 기둥이다. 그곳에서 새로운 생명체인 아이가 태어나고, 당연히 아이는 부부가 함께 만들어가는 집안의 공기를 마시며 성장하게 된다. 부부 간에 사이가 좋고, 사랑과 배려, 존중이 흐른다면 아이는 자연스레 그 분위기를 흡수하며 안정된 정서를 가지고 자랄 것이다.

하지만 부부 사이에 갈등이 잦다면 그 영향은 아이에게 갈 수밖에 없다. 아이에게 부모는 자신의 세계를 이루는 두 축이기 때문에 엄마 아빠의 싸움과 냉전은 아이의 세계가 흔들리는 것이다. 아무리 아이가 없을 때 싸우고 티를 내지 않으려 해도 불편한 감정까지 숨길 수는 없기에 결국 아이는 부모의 표정과 말투, 분위기 속에서 모든 것을 읽고, 눈치 보며, 위축되고 만다.

또한 부모가 감정 조절을 하지 못하고 속상한 마음을 아이에게 던지면서 평소라면 넘어갈 일에도 화를 내거나 비난한다면 아이는 자신의 존재뿐만 아니라 행동마저 부정하며 낮은 자존감을 지닌 채 성장하게 된다. 만약 이때 부부싸움의 원인이 아이라면 더 치명적일 것이다. 육아의 1순위는 아이가 아니라 원만한 부부 관계라는 말은 결코 과장된 이야기가 아니다.

- 남편의 말투 때문에 정말 힘이 듭니다. "이거 좀 해라" "집에서 뭐하고 있냐?" 등등 툭툭 내뱉는 말들이 저를 너무 무시하는 것 같아서 화가 납니다. 그런데 이 문제로 계속 말을 하면 크게 싸우게 될까봐 되받아치지도 못하고 자꾸 억울한 마음이 들어요.

- 남편의 무시하는 듯한 말투가 힘들지만 크게 싸우게 될까봐 참게 되고, 참았던 만큼 억울하신 것 같습니다. 하지만 남편의 말투에 내 마음이 공명하는 것은 내 안에 이미 그 씨앗이 존재하기 때문입니다. 즉 남편의 말투에 영향을 받고, 그런 남편을 향해 내 욕구를 표현하지 못하고 억누르고 있는 것은 나의 문제입니다. 문제의 근본적인 원인은 내 어린 시절의 경험 속에서 해결하지 못하고 억눌러둔 감정 때문입니다. 다시 말해, 무시받은 상처가 있고, 싸움이 두려웠던 환경이 있고, 억울한 내면아이가 있습니다. 대화를 나누는 동안 이 중에서 어떤 상처가 먼저 건드려져 나올지 모르겠지만 그렇게 하나씩 안전한 공간에서 억눌린 감정을 털어내다 보면 마음이 한결 가벼워지고 여유로워지게 됩니다. 상처받았던 만큼 좁아져 있던 시야가 넓어지면서 상대의 말이 들리고, 상대의 감정이 느껴지면서 진정한 소통으로 나아갈 수 있습니다.

자, 상상해보세요. 퇴근하고 들어온 남편이 밥을 먹다가 갑자기 개수대에 쌓인 그릇들을 보며 "설거지 좀 해라. 집에서 하루 종일 뭐하고 있냐?"라고 짜증스럽게 신경질적으로 말을 합니다. 그런 남편의 표정과 목소리를 떠올리며 당장이라도 되받아치고 싶지만 싸움이 일어날까봐 하지 못했던 말을 지금 다 뱉어보세요.

● "그렇게 말하지 마. 나도 하루 종일 바빴어. 돈 번다고 유세야? 돈 안 벌면 사람도 아니야? 나도 하루 종일 집에서 아이들 보느라 바빴어. 아침 일찍 일어나서 밥 차리고, 당신 출근시키고, 애들 깨워서 유치원 보내고, 설거지하고, 집안일하고 돌아서면 애들 올 시간이야. 애들 오면 간식 챙기고, 밥 챙기고, 씻기고, 놀아주고, 책 읽어주면 하루가 다 가. 하루 종일 제대로 앉아서 쉬어보지도 못했어. 그런 나한테 종일 집에서 뭐했냐고? 내가 얼마나 부지런히 움직이는데? 내가 얼마나 열심히 살고 있는데, 왜 아무것도 안 하는 사람 취급을 해? 내가 얼마나 열심히 살고 있는데!"

○ 돈 벌어오는 사람은 큰일을 하는 사람이고, 집에 있는 사람은 무능한 사람이라고 누가 그러던가요?

● 아빠요. 아빠가 돈 벌어온다고 엄마를 함부로 대했어요. 엄마를 시녀처럼 대하고 늘 못마땅한 얼굴로 명령하듯이 말했어요. 근데 돈 벌어오는 사람이 최고라고 한 건 할머니예요. 아들은 밖에 나가서 돈을 벌어오니까 엄청 수고하는 사람이고, 며느리는 할 일 없이 집에서 놀고 있다고 동네 사람들에게 말했어요. 할머니가 항상 엄마한테 종일 집에서 놀면서 이것도 제대로 안 해두고 뭐했냐고 짜증스럽게 툭툭 내뱉듯이 말했어요. 그러면 엄마는 표정이 어두워지면서

아무 말 없이 할머니가 말한 일을 하곤 했어요.

○ 못마땅한 얼굴로 엄마한테 짜증스럽게 툭툭 말하는 할머니의 얼굴을 떠올리며 할머니한테 외치세요. 어린 시절에 하지 못했던 말을 지금 마음껏 뱉어보세요.

● "할머니! 왜 우리 엄마한테 잔소리해? 왜 우리 엄마 슬프게 해? 엄마가 하루 종일 얼마나 바쁘게 움직였는데, 나는 엄마가 쉬는 걸 한 번도 본 적이 없는데. 할머니, 나빠! 미워! 진짜 미워! 돈 안 벌면 사람을 그렇게 무시해도 돼? 돈 안 벌면 사람도 아니야? 왜 우리 엄마를 슬프게 해! 왜? 왜? 할머니, 미워!"

○ 아빠한테도 얘기해보세요.

● "아빠도 미워! 왜 그렇게 퉁명스럽게 말하는데? 왜 그렇게 짜증스럽게 말하는 건데? 하인 대하듯이, 시종 부리듯이 그렇게 말하지 말고 예쁘게 말해도 되잖아! 엄마가 슬퍼하잖아. 난 엄마가 슬퍼하는 거 싫단 말이야. 엄마도 아빠처럼 열심히 일하고 있는데 왜 아무것도 안 하는 사람처럼 무시하냐고! 아빠, 미워!" 아빠가 큰소리를 내면 엄마가 꼼짝을 못했어요. 아빠 말이 우리 집에서는 왕의 말이었어요. 엄마는 늘 기가 죽어 있었죠. 엄마랑 아빠가 싸우는 걸 한 번도 본 적은 없지만 우리 집이 따뜻하다거나 사랑이 넘친다는 생각은 한 번도 해본 적이 없어요. 늘 집안 분위기가 무거웠어요. 엄마가 꾹꾹 참았던 것처럼 저도 꾹꾹 참고 있네요. 아, 그런데 울고 나니까 머리가 아파요.

○ 그건 울어서 머리가 아픈 게 아니라 덜 울어서 그런 거예요. 지금 이 순간에도 감정을 억누르고 있기 때문이에요. 이럴 때 크게 소리를 치면 금방 괜찮아질 거예요. 제가 하는 말을 한번 따라서 크게 뱉어 보실래요? "우리 엄마, 무시하지마!"

● "우리 엄마, 무시하지마! 우리 엄마, 무시하지 말라고! 우리 엄마 무시하면 내가 가만 안 둘 거야! 내가 가만 안 둬!" 아, 이제 진짜 아무렇지도 않아요. 두통이 사라졌어요.

○ 정말 신기하죠? 지금 나를 둘러싼 환경 속에서 내가 반복적으로 경험하고 있는 일과 감정을 들여다보고, 그 순간에 하지 못했던 말을 뱉어보면서 과거에 억눌러둔 기억과 감정을 다시 대면해보는 과정은 굳이 지나버린 과거를 쓸데없이 들추어내는 일이 아닙니다. 과거에 나를 힘들게 했던 사람을 한 명 한 명 소환해서 그 한을 풀어보자는 것도 아니고, 남을 탓하기 위해서도 아닙니다. 과거에 억눌러둔 감정이 나도 모르는 사이에 내 무의식에 자리 잡아 현재의 삶에 큰 영향을 끼치고 있기에 뒤돌아보는 거예요. 개인차가 있겠지만 1~3년 정도 이 작업을 하다 보면 이전과는 전혀 다른 놀라운 자유를 경험하게 됩니다. 삶이 가벼워지고, 결국 모든 것은 내 안에 있음을 가슴으로 받아들이면서 다가올 미래 또한 설렘으로 기대하게 됩니다. 지금까지 내가 왜 이런 선택을 하면서 여기까지 왔는지 나를 알게 되고, 그동안 억눌렀던 감정에 깊이 공감하면서 타인의 행동과 감정 역시 수용하게 됩니다.

● 남편과 사이가 좋은 편인데 자주 부딪히는 문제가 하나 있습니다. 남편은 꼭 제가 신나고 즐거울 때 딴지를 걸어서 제 기분을 망치거나 나쁘게 만듭니다. 제가 남편을 오해하고 있는 걸까요? 그런데 진짜로 유독 제 기분이 좋을 때 심기를 건드려서 결국은 싸우고 기분이 나빠집니다.

○ 구체적으로 어떤 일이 있었는지 이야기해주실 수 있나요?

● 최근에 아이만 데리고 일주일 정도 친정에 다녀왔는데 언니랑 조카도 오게 되면서 처음으로 글램핑도 해보고, 오랜만에 대학 동기들도 만나고, 가보고 싶었던 콘서트도 다녀오는 등 정말 즐거운 시간을 보냈습니다. 그런데 그렇게 노는 것도 좀 피곤하더라고요. 그래서 집에 돌아와 이틀 정도 누워 있었는데 남편이 평소에는 안 그러는데 자꾸 잔소리를 하고 짜증을 내더라고요. 반찬이 별로라고 투정하고, 아침에 출근할 때 배웅 안 해준다고 뭐라 하고, 귀가할 때도 나와서 인사를 안 한다고 투덜거리면서 계속 싸움을 거는 것 같은 느낌을 받았습니다.

○ 남편의 눈빛, 말투, 태도 등에서 그런 느낌을 받으셨다는 거죠?

● 네, 맞아요. 자꾸 눈치가 보였어요.

○ 바로 그거예요! 남편이 싸움을 걸어온 게 아니라 어머님이 눈치를 보는 거예요. 물론 남편이 평소에 하지 않던 행동을 보인 것은 맞습

아이가 버거운 엄마 엄마가 필요한 아이

니다. 그건 남편 안에도 뭔가가 있다는 뜻이어서 어머님의 모습을 통해 남편도 건드려진 것이 있을 테지만 그건 남편의 마음이니 일단 놔두고, 중요한 건 이 일로 속상해서 결국 싸우게 되는 내 마음만 들여다보면 됩니다.

● 네, 놀고 와서 눈치가 많이 보이니까 솔직히 남편이 옆에 있는 게 불편했습니다. 눈치 보지 않고 푹 쉬고 싶고, 제가 원하는 걸 하고 싶었어요. 아마 남편은 일주일 동안 친정에서 맛있는 것도 먹고, 친구들도 만나고, 좋은 곳에 다녀온 제가 질투 났을 거예요.

○ 질투요? 남편이 질투가 난다고 하던가요?

● 그렇게 말한 건 아니지만 딱 봐도 질투하는 것 같아서요….

○ 사람은 자신이 느끼는 감정을 타인도 느낄 거라고 생각하는 경향이 있습니다. '내가 그랬으니 너도 그럴 거야' 하고요. 이렇게 미루어 짐작하는 마음은 '공감'이라는 좋은 방향으로 흐를 때도 있지만 때로는 '오해와 다툼'으로 이어지기도 합니다. 즉 남편이 나를 질투하는 것 같다고 느낀 건 남편의 문제가 아니라 내 지난 삶에서 질투와 관련된 문제가 있었다는 뜻입니다. 물론 남편 안에 질투라는 감정이 있을 수도 있지만 언제나 중요한 건 상대가 아니라 내 마음입니다. 다시 어머님의 이야기로 돌아가봅시다. 여기서 알 수 있는 건 어머님의 내면에 있는 억눌러진 상처에는 '눈치 보는 아이'뿐만 아니라 '질투받은 아이'도 존재한다는 것입니다. 자, 이번 일에 대해서 남편과 입장을 바꿔놓고 한번 생각해보세요. 남편과 아이가 둘이서만 시

댁에 가고, 어머님은 늘 하던 대로 아침 일찍 회사로 출근합니다. 퇴근 후에는 집으로 돌아오지만 불 꺼진 빈집일 뿐 반갑게 맞아주거나 말을 걸어주는 사람이 아무도 없습니다. 그렇게 일주일을 보냅니다. 드디어 남편이 돌아왔는데 이틀 연속으로 누워만 있어요. 그동안 어떻게 지냈는지 궁금하고, 이야기도 나눠보고 싶은데 계속 누워만 있어요. 부부 사이가 좋다고 하셨잖아요. 나 없는 동안 아이랑 어떻게 지냈는지 궁금하고, 몸과 마음의 대화도 나누고 싶은데 기다린 만큼 실망스럽습니다. 그렇지 않을까요?

● 네, 그럴 것 같아요.

○ 이게 질투일까요? 아니면 기다린 만큼의 섭섭함일까요?

● 저는 남편에게도 자유 시간이 주어졌으니까 좋아할 거라고 생각했어요. 물론 제 생각이지만요. 근데 듣고 보니 섭섭한 마음이 컸을 것 같습니다.

○ 우리는 모두 자신의 틀과 시각으로 세상을 바라봅니다. 남편의 생각이나 감정과는 상관없이 자신의 스토리를 써버린 거예요. 안타깝게도 그 스토리에는 눈치를 보는 내면아이가 있습니다. 생각해보세요. 과거에 누가 본인에게 그렇게 눈치를 보게 했어요?

● 학교 갔다 온 다음이나 방학 때, 또 한 번은 퇴사를 하고 난 뒤 쉬고 있을 때 엄마가 눈치를 많이 줬어요. "숙제는 다 하고 노니?" "방학이라고 그렇게 늦게 일어나면 어떻게 하니?" "대학생이니 아르바이트라도 해야지" 퇴사하고 나서는 빨리 다른 직장을 알아보라고 재촉

하면서 며칠 쉬면 큰일이라도 날 것처럼 저를 불안하게 했어요. 엄마의 눈빛과 말에 너무 눈치가 보였죠.

○ 그런 친정엄마의 모습을 떠올리며 그때 억누르고 하지 못했던 말을 지금 마음껏 뱉어보세요.

● "나 좀 쉬자. 제발 가만히 좀 내버려 둬. 조금만 쉬겠다는데 뭐가 그렇게 못마땅해? 나 좀 건드리지마. 왜 그렇게 말이 많아? 조용히 해, 제발! 내가 알아서 할 거야. 왜 쉬는 꼴을 못 봐? 숨 막혀. 엄마를 보면 숨이 안 쉬어져. 답답해, 진짜!"

○ 친정엄마의 이미지를 떠올려보세요. 이렇게 소리치니까 엄마가 뭐라고 하는 것 같아요?

● "너보다 내가 더 못 쉬었어. 나는 평생 쉬어본 적이 없어. 너는 나에 비하면 아주 푹 쉰 거야. 나도 이러고 사는데 네가 뭐라고 쉬어?" 이렇게 말하는 것 같아요. 엄마가 어릴 때부터 "나는 그런 것도 못하고 컸다. 복에 겨워서 지랄하고 자빠졌네"라는 말을 많이 했어요.

○ 그게 질투입니다. 질투에 관한 상처는 친정엄마로부터 온 거예요. 어떻게 딸한테 그런 말을 할 수 있냐고 엄마에게 말해보세요.

● "어떻게 엄마가 딸한테 그런 말을 할 수가 있어? 어떻게 엄마가 못했다고 나도 못하게 할 수가 있어? 내가 엄마라면 나는 못했지만 너는 해보라고 할 텐데, 어떻게 엄마가 그래(많이 운다)."

○ 처음 이야기를 시작하셨을 때 내가 기분이 좋을 때마다 딴지를 거는 남편 때문에 결국 싸우다가 기분이 나빠진다고 하셨습니다. 그런

데 이야기를 나눠보니 남편과 상관없이 이미 내 안에 과거에 눈치 보던 아이, 쉬지 못한 아이, 질투받은 아이가 있다는 걸 알게 되었습니다. 이런 내면아이가 있다는 것을 알고 계셨나요?

● 아니요, 전혀요. 다 남편의 잘못이라고만 생각했습니다.

○ 그래서 내 마음을 들여다보는 것이 중요합니다. 그것만으로도 일상에서 일어나는 갈등의 많은 부분을 싸우지 않고 해결할 수 있습니다. 또한 이렇게 과거를 소환해 그때 하지 못한 말을 지금 쏟아내며 억눌렀던 감정을 털어내는 것은 아주 빨리 상처를 극복하고 현실을 바꾸는 방법입니다. 억누른 감정은 내 몸에 깊이 새겨져 있어 흔들어 깨우지 않는 한 털어지지 않기 때문입니다. 물론 많은 사랑을 받고 자란 사람은 굳이 이렇게 몸으로 터는 작업을 하지 않아도 됩니다. 하지만 지금의 내 삶에 크고 작은 문제가 일어나고 있다면 이렇게 나의 진짜 마음에 접속하여 마음을 들여다보고 공감해줌으로써 현재의 문제는 상대의 잘못이 아니라는 것을 알아차렸으면 합니다. 그러면 눈앞의 현실은 내 마음 하나로 바뀌게 될 것입니다.

 부부 간에 갈등이 있을 때 현명하게 육아하는 법

'부부 사이'는 아이의 몸과 마음, 지성과 감성 그리고 영혼까지 영향을 미치는 육아의 시작이자 아이에게 있어서는 생의 바탕이 되는 중

아이가 버거운 엄마 엄마가 필요한 아이

요한 부분이다. 하지만 오랫동안 다르게 살아온 두 사람이 만나 한 가정을 이루면서 갈등이 생기는 건 너무나 자연스러운 일이다. 문제는 마찰 뒤에 어수선해진 마음과 행동이 아이에게 독으로 작용할 수 있다는 것인데, 이렇게 평온하지 않은 상태에서 어떻게 육아를 하면 좋을지 간단하지만 효과적인 방법을 소개해본다.

① 내 감정 풀어주기

배우자와 다툰 후 가장 빨리해야 할 것은 화해다. 하지만 상황이 여의치 않아 관계 회복에 시간이 걸린다면 육아보다 내 감정을 먼저 신경 쓰고 돌봐주었으면 한다. 속상한 마음으로 육아를 하다가는 그 불똥이 아이에게 튀어버리니까 말이다. 늘 급한 불부터 끄는 것이 맞다.

평소에 마음을 들여다보는 훈련이 되어 있으면 왜 싸우게 되었는지, 무엇이 섭섭하고 불편했는지 금방 자각하고 떨쳐낼 수 있다. 그러면 응어리질 감정이 없기 때문에 아이에게도 평상심을 유지하며 대할 수 있고, 배우자와 이야기할 때도 말꼬리를 물고 늘어지거나 불필요한 감정 소모의 늪으로 빠지지 않게 된다. 하지만 화나는 나의 진짜 마음을 모를 때는 그저 내 기분을 나아지게 할 이런저런 방법을 시도하며 꽉 찬 감정의 압력을 빼기 위해 노력했으면 한다. 그것만으로도 여유가 생겨서 감정의 충돌로 일어날 수 있는 후회들을 줄

일 수 있다. 부모 역시 채워야 나눌 수 있다는 걸 꼭 기억하자. 어떤 방법으로 나를 채워야 할지 모르는 경우에는 이 책의 마지막 장인 10장의 '자기 사랑' 부분을 참고하면 도움이 될 것이다.

② 아이의 잘못이 아니라고 말해주기

많은 아이들이 부모의 다툼을 자기 때문이라고 생각한다. 아이의 발달 단계가 전능한 자아의 시기를 보내는 경우라면, 또 부모의 싸움에 자기 이름이 언급된다면 나 때문에 엄마 아빠가 싸운다는 커다란 죄책감을 가진 채 성장할 수밖에 없다. 죄책감은 정말 무거운 감정이라서 끊임없이 산 위로 돌덩이를 옮겨야 하는 시시포스처럼 영원한 형벌을 받듯 평생 마음의 짐을 지고 살아가게 한다. 그러므로 부모라면 아이가 그러한 짐을 지지 않도록 도와주어야 한다.

"네 잘못이 아니야. 엄마 아빠가 서로 의견이 달라서 싸웠지만 곧 화해할 거야. 어른들도 속상할 땐 가끔 마음속에 사는 아이가 툭 튀어나와서 어른답게 행동하지 못할 때가 있어. 정말 미안해. 엄마 아빠가 싸우는 걸 보고 많이 무서웠지? 있잖아, 언제 어디서나 무슨 일이 있어도 엄마 아빠가 널 사랑하는 마음은 변함이 없어. 알겠지?"

이렇게 아이의 마음을 달래준 뒤 평소와 같은 책을 읽거나 맛있는 음식을 먹는 등 일상으로 돌아오면 된다.

아이가 버거운 엄마 엄마가 필요한 아이

③ 육아와 집안일을 최소한으로 줄이기

배우자와 다툰 뒤 속상한 마음으로 평소와 똑같이 육아와 집안일을 하다 보면 결국 아이에게 짜증을 내거나 분노를 표출할 수 있다. 늘 하던 대로 식사를 챙기고, 설거지와 집 안 청소를 마무리한 뒤 저녁에 아이들을 씻기고 잠자리 독서까지 해주며 애쓰고 있는데 하필 이때 아이들이 싸우거나 저지레를 하면 더는 참지 못하고 나도 모르게 꽥 소리를 지르게 된다. 또는 아이들 앞에서 신세 한탄을 하거나, 배우자 욕을 하거나, 심할 땐 화를 참지 못하고 아이를 때리기도 한다.

왠지 이럴 것 같은 감이 오는 날에는 꼭 해야 할 한 가지 정도의 집안일만 챙기고 나머지는 다 내려놓는 것이 좋다. 가령 요리는 배달 음식으로 해결하고, 청소와 설거지는 생략하는 것이다. 단 한 가지도 챙기고 싶지 않다면 그것 또한 괜찮다. 육아 역시 마찬가지다. 육아는 생각보다 긴 여정이므로 오늘 하루 해야 할 일을 못했다고 해도, 아니 며칠 동안 못했다고 해도, 아니 몇 달 동안, 심지어 몇 년간 잘하지 못했어도 괜찮다. 지금부터 다시 시작하면 된다. 정말이다. 진짜다. 아이에게 가장 중요한 건 부모가 내 곁에 있다는 사실 그 자체니까 말이다. 하지만 이러한 시간이 길어지고 나조차 내 모습이 마음에 들지 않는다면 용기를 내어 나의 진짜 마음을 들여다보았으면 한다. 아이러니하게도 우리는 상처를 피해 달아나지만 그로 인해 또 다른 상처를 주고받으며 평생을 살아가기 때문이다.

✤ 부부 관계가 건강해야 건강한 아이를 키운다

부부 사이에 다툼이 잦고 냉기가 흐를 때, 부부로서 또는 부모로서 도리를 다하지 못할 때 심리학에서는 이를 가리켜 '역기능 가정'이라고 부른다. 다시 말해 한쪽 혹은 서로 간의 폭력과 폭언, 서로에 대한 무시나 외도 또는 알코올, 도박, 일, 섹스 등의 여러 가지 중독과 돈으로 인한 부부 갈등은 아이를 방치하거나 학대하게 되는데 이런 상황에 적응해버린 가정을 일컫는다. 이러한 가정에서 자란 아이는 부모의 역할을 대신해서 떠맡게 되는데 부부 사이가 나쁠수록, 부모의 도리를 제대로 하지 못할수록 아이는 여러 가지 임무를 맡고 그만큼 자신의 본래 모습을 잃어가게 된다.

'영웅 아이'의 역할을 맡으며 성장한 아이는 "우리 집은 엉망이지만 나는 아무 문제없어! 나 우습게 보지마! 우리 집도 너희들 마음대로 함부로 평가하지마!"라는 식으로 이를 악물고 성공하여 집안을 일으켜 세우고자 노력한다. 상처는 선물이기도 하기에 그로 인한 성공의 경험과 능력을 가질 수도 있지만 결국은 지나친 책임감과 완벽주의, 죄책감이란 수렁 속에서 힘든 삶을 살아가게 된다.

'어릿광대' 역할을 맡은 아이는 집안에 존재하는 긴장감을 완화시키기 위해 우스꽝스러운 몸짓과 말투로 주변을 웃기려고 노력하고 그로 인해 마음에는 세상과 타인에 대한 두려움을 가진 채 성장하게 된다.

정서적으로나 육체적으로 '대리 배우자' 역할을 하는 아이는 가슴에 엄청난 분노를 품고 살게 된다. 가정에서 쌓이는 불편한 감정을 던져버릴 '희생양' 역할을 하는 아이는 소위 감정의 쓰레기통이 되어 살다가 결국 무책임해지거나 반항적인 모습을 갖게 된다. 또한 가족 안에 분명히 존재하지만 '나는 어떤 문제도 일으키지 않을 거야'라며 자신의 존재를 감춰버린 '잃어버린 아이'의 역할을 맡은 아이는 외로움과 슬픔 속에 갇혀 평생을 살게 된다.

이런 가정 안에서는 자신의 욕구와 감정들을 억누를 수밖에 없고, 억누른 감정은 무의식이 되어 어느 순간 나의 현실로 나타나게 된다. 그 대표적인 예가 2014년 SBS 스페셜로 방송되고 책으로도 출간된 〈부모 vs 학부모〉에 소개된 전국 상위 1퍼센트였던 고3 모범생 아들이 엄마를 살해한 사건이다. 많은 사람들을 놀라게 한 이 사건은 결국 내면의 상처를 돌아보지 못해서 생긴 가슴 아픈 이야기다.

세 아이를 키울수록, 나의 내면을 들여다볼수록, 강연과 워크숍을 통해 많은 사람들을 만나고 내밀한 이야기를 나눌수록 육아의 최종 목표와 부모의 역할에 대해 다시금 생각하게 된다. 겉으로 보기엔 문제없어 보이는 수많은 가정들이 그 안에 존재하는 외로움, 두려움, 분노, 질투, 지나친 책임감과 죄책감 등의 해결되지 않은 감정 등으로 인해 집집마다 상처를 되풀이하고 있다. 이것은 학벌이나 경제력과도 상관없고, 외모나 직업과도 상관이 없다.

우리 집은 별문제 없었다고, 나는 평범한 가정에서 성장했다고 믿는 사람들 역시 마찬가지다. 억눌린 감정으로 인해 야기되는 수많은 경험들이 우리의 삶을 고해(苦海)라 생각하게 하고, 그럼에도 '다들 그러고 산다'는 적당한 체념과 순응 속에서 삶의 기쁨과 보람이 무엇인지 모른 채 살아간다. 이대로 100년이나 되는 긴 생을 살아야 한다면 그건 너무 슬프지 않을까?

✦ 부부 간의 갈등, 어떻게 극복해야 할까?

어느 부부 상담가가 쓴 칼럼을 읽은 적이 있다. '부부는 무엇으로 살아간다고 생각하세요?'라는 질문에 '사랑'이란 답이 나올수록 사랑이 깨어졌다고 느낄 때 이혼할 가능성이 크다는 내용이었다. 부부 사이를 유지하고, 행복하게 해주는 것이 사랑은 맞지만 세계적으로 이혼율이 높은 나라일수록 사랑을 최고의 가치로 여기고 있음은 시사점이 크다며 사랑보다 '도리'를 지켜야 한다고 강조했다. 남편의 도리, 아내의 도리, 부모의 도리를 가장 중요하게 생각해야 하고, 그런 도리 속에서 사랑도 나온다는 주장이었다. 일리가 전혀 없는 글은 아니었지만 그렇게 도리를 중심에 두고 살다가 아이들이 성인이 되어 자신의 도리가 끝났다고 느낄 때 비로소 황혼 이혼을 하는 것은 아닐까 싶어 그 주장에 흔쾌히 동의되지 않았다.

개인적인 경험으로는 자신의 상처받은 내면아이를 들여다보고,

억눌린 감정을 풀어낸 후 조금씩 자기 자신을 사랑하는 방법을 깨닫게 도와드렸을 때 나를 포함해 많은 분들이 이혼의 위기를 슬기롭게 넘기는 것을 보았다. 부부로 만나기 이전부터 형성되어온 개인의 믿음, 사고의 틀, 기준들이 상대의 말과 눈빛, 태도 등에 건드려져 갈등이 곪아가는 것이기에 부부 간의 갈등을 해결하기 위해 각 개인의 역사를 살펴보는 것은 무척 중요한 일이다. 다만 나 자신을 들여다보는 작업도 시간이 걸리는 일이니 다음에 소개하는 방법들과 함께 노력하며 긍정적으로 서로를 바라보았으면 좋겠다.

① 서로가 원하는 사랑 주고받기

사람은 누구나 사랑을 필요로 하지만 원하는 사랑의 방식은 모두 다르다. 맛있는 걸 사줄 때 기뻐하는 사람이 있고, 널 위해 샀다며 선물을 건네줄 때 즐거워하는 사람이 있으며, 가만히 안아주면서 토닥여줄 때 사랑을 느끼는 사람이 있다. 상대가 흡족하지 않은 방식으로 사랑을 전달하면 그 사랑은 전해지기 어렵다. 오랜 시간 부부들을 상담해온 게리 채프먼(Gary Chapman)은 자신의 저서 《5가지 사랑의 언어》에서 '사랑의 언어 체크리스트'를 통해 자신이 언제 사랑을 느끼는지 확인해보라고 말한다. 그런 다음 상대가 원하는 사랑의 언어로 마음을 표현해볼 것을 권한다. 그러면 사랑이 채워진 만큼 둘 사이의 유대감이 커지고, 소통이 잘되며, 좋은 관계를 이어갈 수 있다고 조언한다.

[게리 채프먼의 사랑의 언어 체크리스트]

1	나는 남편(아내)이 사랑의 편지를 주면 마음이 흐뭇해진다.	A
	나는 남편(아내)이 포옹해주는 것이 좋다.	E
2	나는 남편(아내)과 단둘이 있는 것이 좋다.	B
	나는 남편(아내)이 나의 일을 도와줄 때 사랑을 느낀다.	D
3	나는 남편(아내)이 특별한 선물을 줄 때 기분이 좋다.	C
	나는 남편(아내)과 함께 여행하는 것이 좋다.	B
4	나는 남편(아내)이 빨래를 해줄 때 사랑을 느낀다.	D
	나는 남편(아내)이 나에게 스킨십을 할 때 기분이 좋다.	E
5	나는 남편(아내)이 팔로 나를 안을 때 사랑을 느낀다.	E
	나는 남편(아내)의 깜짝 선물을 통해 사랑을 확인한다.	C
6	나는 남편(아내)과 함께라면 어디를 가든 좋다.	B
	나는 남편(아내)의 손을 잡는 것이 좋다.	E
7	나는 남편(아내)이 주는 선물을 소중히 여긴다.	C
	나는 남편(아내)으로부터 사랑한다는 말을 듣는 것이 좋다.	A
8	나는 남편(아내)이 내 가까이 앉는 것이 좋다.	E
	나는 남편(아내)에게 예쁘다는 말을 들을 때 기분이 좋다.	A
9	나는 남편(아내)과 같이 있는 시간이 즐겁다.	B
	나는 작더라도 남편(아내)이 주는 선물이 좋다.	C
10	나는 남편(아내)이 나를 자랑스럽게 여긴다고 할 때 사랑을 느낀다.	A
	나는 남편(아내)이 나를 위해 설거지를 해줄 때 사랑을 느낀다.	D
11	나는 남편(아내)과 함께하는 일이라면 뭐든지 좋다.	B
	나는 남편(아내)이 나를 지지하는 말을 했을 때 기분이 좋다.	A
12	나는 남편(아내)이 작은 것이라도 말보다 행동으로 보여주는 것이 더 좋다.	D
	나는 남편(아내)과 포옹하기를 좋아한다.	E
13	나에게는 남편(아내)의 칭찬이 아주 중요하다.	A
	나에게는 남편(아내)에게 좋아하는 선물을 받는 것이 아주 중요하다.	C
14	나는 남편(아내) 곁에 있는 것만으로도 기분이 좋다.	B
	나는 남편(아내)이 나를 마사지해주는 것이 좋다.	E
15	내가 한 일을 남편(아내)이 인정해주면 힘이 난다.	A
	남편(아내)이 좋아하지 않는 일을 날 위해 해주는 것은 의미가 크다.	D

아이가 버거운 엄마 엄마가 필요한 아이

16	나는 남편(아내)의 키스가 싫은 적이 없다.	E
	내가 좋아하는 일에 남편(아내)이 관심을 가지면 기분이 좋다.	B
17	남편(아내)이 내가 하는 일을 돕는 것은 나에게 무척 중요하다.	D
	남편(아내)이 준 선물을 바라볼 때 기분이 좋다.	C
18	남편(아내)이 나의 외모를 칭찬하면 기분이 좋다.	A
	남편(아내)이 내 생각을 귀 기울여 듣고 비판하지 않는 것이 좋다.	B
19	남편(아내)이 가까이 있으면 꼭 만지고 싶다.	E
	남편(아내)이 가끔씩 내 심부름을 해주는 것이 고맙다.	D
20	남편(아내)이 나를 도와주는 것은 모두 상을 받아야 마땅하다.	D
	남편(아내)이 얼마나 생각이 깊은 선물을 해주는지 가끔씩 놀란다.	C
21	나는 남편(아내)이 나에게 전적으로 집중해주는 것이 고맙다.	B
	나는 남편(아내)이 집 안 청소를 해주는 것을 좋아한다.	D
22	나는 남편(아내)이 줄 생일 선물이 기대된다.	C
	내가 소중하다는 남편(아내)의 말은 언제 들어도 지겹지 않다.	A
23	남편(아내)은 내게 선물로 자신의 사랑을 보여준다.	C
	남편(아내)은 집에서 나의 일을 도움으로써 사랑을 표현한다.	D
24	남편(아내)은 대화 도중에 내 말을 끊지 않는데 나는 그것이 좋다.	B
	나는 남편(아내)의 선물이 싫증나지 않는다.	C
25	내가 피곤한 것을 알고 도와주겠다고 하는 남편(아내)이 고맙다.	D
	나는 어디를 가든 남편(아내)과 함께하는 것이 좋다.	B
26	나는 남편(아내)이 나를 껴안아주는 것을 좋아한다.	E
	나는 남편(아내)의 깜짝 선물을 좋아한다.	C
27	나는 남편(아내)의 격려하는 말을 들으면 힘이 난다.	A
	나는 남편(아내)과 함께 영화 보는 것이 좋다.	B
28	나는 남편(아내)이 주는 선물보다 더 좋은 선물은 없다.	C
	나는 남편(아내)이 내게서 손을 떼지 않는 것이 좋다.	E
29	남편(아내)이 바쁜 중에도 나를 돕는 것은 내게 큰 의미가 있다.	D
	나는 남편(아내)이 나에게 감사하다고 말하면 기분이 아주 좋다.	A
30	나는 남편(아내)과 잠시 떨어져 있다가 다시 만나 포옹/키스하는 것이 좋다.	E
	나는 남편(아내)이 내가 그리웠다고 말을 하면 기분이 좋다.	A

* 출처: 《5가지 사랑의 언어》, 게리 채프먼, 생명의 말씀사

총 30개의 문항으로 구성된 질문지를 보고 체크를 하되 한 문항에는 두 개의 질문이 있다. 둘 중에 내가 더 좋아하는 것을 반드시 하나 선택해 동그라미를 치고, ABCDE가 각각 몇 개인지 세어보자. 가장 높은 점수로 나온 것이 나의 제1의 사랑의 언어다. 제2의 사랑의 언어와 제1의 사랑의 언어가 비슷하게 나오면 두 가지 모두 나에게 중요하다는 뜻이다.

A _____ 인정하는 말
B _____ 함께하는 시간
C _____ 선물
D _____ 봉사
E _____ 스킨십

내 경우, 인정하는 말이 월등하게 높았고, 남편은 스킨십이 매우 높았다. 이렇게 서로 다른 사랑의 언어를 가지고 있기에 마찰이 있을 수밖에 없었다. 특히 출산 이후로 육아가 나의 1순위가 되면서 갈등이 심해졌다. 나름대로 노력한다고 했지만 스킨십이란 언어가 매우 낮은 나로서는 남편을 만족시키기에 부족했고, 나 역시 인정해주는 말이 없는 남편에게 서운한 마음이 차곡차곡 쌓였다. 서로에게 최선을 다했지만 각자가 필요로 하는 것을 채워주지 못했기에 한 번씩 크게 다투었다. 그러고 나면 육아 역시 손에 잡히지 않아 이중으로

아이가 버거운 엄마 엄마가 필요한 아이

괴로운 마음이 들었다.

우리 부부뿐 아니라 스킨십이 중요한 남편의 경우, 하루 종일 아이를 보느라 진이 빠진 아내에게 혹은 출근하랴 육아하랴 정말 지쳐버린 아내에게 육체적인 관계를 요구하다가 서로를 이해하지 못하고 싸우는 경우가 많다. 남편은 자신의 신체적인 욕구를 헤아려주지 못하는 아내에게 섭섭하고, 아내 역시 자기 상황을 이해하지 못하는 남편에게 서러운 마음이 드는 것이다. 요즘 유행하는 말로 "가족끼리는 그러는 거 아니야"란 말도 안 되는 소리는 멀리 던져버렸으면 좋겠다. 애초에 가족끼리는 결혼이 불가능하다. 그런 유행어로 관계를 회피하지 말고, 당장은 껄끄러워도 문제를 마주 보아야 한다.

부부들 중 대부분이 서로 다른 사랑의 언어를 가지고 있다고 한다. 생리학적으로 불꽃이 튀는 사랑만 사랑이 아니다. 사랑의 색깔과 종류는 정말 다양하다. 채프먼의 '사랑의 언어 체크리스트'를 통해 서로가 원하는 사랑의 언어를 채워줄 수 있는 노력을 기울였으면 한다. 언제 무엇을 하면서 함께하는 시간을 만들 것인지, 상대에게 어떤 배려를 받을 때 감사와 사랑을 느끼는지 말해보면서 감정의 골이 깊어지지 않게 서로 노력했으면 한다. 부부 사이에도 너무 멀리 가면 돌아오는 데 많은 시간이 걸리는 법이다.

② 진솔하게 이야기하기

하고 싶은 말이 있어도 잘 참는 사람들이 있다. 괜히 섭섭한 이야기를 꺼내서 분위기를 서먹하게 하거나 시끄러운 분쟁이 일어나는 게 싫어서 웬만하면 말하지 않고 넘어가는 쪽을 택하는 것이다. 하지만 문제는 이럴 때 불편한 나의 마음을 아무도 모른다는 것과 나 역시 참고 참다가 별것도 아닌 일에 참았던 만큼의 분노를 쏟아내며 상대를 당황하게 하고, 오히려 별일 아닌 걸로 화를 낸다며 비난을 받는다는 것이다.

나 역시 첫 아이를 출산한 뒤 스킨십의 언어를 가지고 있는 남편의 욕구를 맞추려고 애를 썼지만 가끔은 나 자신이 사랑받고 존중받는다는 느낌보다는 내 몸만 필요로 하는 듯한 남편의 태도에 서러웠던 날이 참 많았다. 그러다 보니 때로는 아이를 핑계로, 때로는 오늘 정말 피곤하고 힘들었다는 이유로 관계를 회피했다. 그런 날이 반복되던 어느 날 남편이 정말 크게 화를 냈는데 평소에 화를 내지 않던 사람이라 나는 매우 당황했고, 얼굴을 붉히며 큰소리치는 남편을 보니 너무 억울하고 화가 나서 같이 언성을 높이며 싸운 적이 있다. '당신의 행동은 내 마음 따위는 아랑곳없고, 오직 당신의 욕구만 중요하게 생각하는 것 같아서 나는 그게 너무너무 서럽다'고 절규하듯 말했다. 그런데 그날은 남편 역시 당신만 그런 마음이 드는 게 아니라며 '당신이 내 요구를 거절할 때마다 나도 내 존재 자체가 거부당하는 느낌인 걸 당신은 알고 있느냐'고 화를 냈다. 그날 남편의 표정은 슬픈 분노로 일그러져 있었지만 눈빛만큼은 진심이 느껴졌고 그때서야 나는 서로가 원하는 것은 다르지만 거절당했을 때 느끼는 마음은 똑같다는 것을 알게 되었다.

육아 상담을 하다 보면 예전에는 스킨십을 원하는 쪽이 주로 남편이고, 아내는 거절함으로써 발생하는 문제로 질문이 많았는데 요즘은 아내는 원하지만 남편이 먼저 요구하지 않아서 고민해오는 분들이 꽤 있다. 아직까지 우리나라의 사회 분위기나 정서상 여자 쪽에서 먼저 스킨십을 요구하는 것을 좋지 않은 시선이 있는 것 같아 더 말하지 못하고 그냥 참게 된다며 바람을 피울 수도 없고 정말 외롭고 서럽다고 했다. 사실 스킨십 역시 다른 모든 것과 마찬가지로 억눌린 감정, 상처받은 내면아이와 연결되어 있다.

상담했던 어느 분은 자신이 원하지 않는 체위로 남편이 관계하기를 원하는데 그게 너무 싫었지만 결혼 10년 동안 싫다는 말을 한 번도 못했다고 한다. 이유를 물어보니 자신이 거절하면 남편이 바람을 피울까봐 겁이 나서 '울며 겨자 먹기'로 때로는 적당히 빠져나가고, 때로는 응수하며 지냈다는 것이다. 더 이야기해보니 자신의 아버지가 바람을 피워서 힘들어하던 엄마를 보며 자랐고, 그걸 내 아이에겐 물려주고 싶지 않아서 그동안 참았다고 했다.

상처를 털어내고 나면 신기하게도 용기가 생긴다. 평소라면 이런저런 두려움 때문에 말하지 못했겠지만 그러한 두려움이 사라지고 행동하게 된다. 사람에 따라 걸리는 시간은 다르지만 결국 내 생각과 욕구, 감정을 상대에게 전달함으로써 갈등이 줄어드는 것을 경험하게 되는 것이다. 따라서 내 안에 억눌린 감정이 무엇인지 알고 풀어낸다면 어떤 갈등도 수월하게 해결할 수 있다.

③ 나의 욕구를 정확하게 전달하기

내가 원하는 것을 상대에게 정확히 표현하는 것은 중요한 일이다. 그렇지 않으면 상대는 나의 말과 행동을 자기 식으로 해석할 수밖에 없다.

결혼 초기에 남편과 크게 싸운 적이 있다. 서로의 행동을 잘못 이해했기 때문이다. 온종일 아이와 지내다 보니 어느 순간 말이 통하는 어른과 대화하고 싶다는 생각이 간절해졌다. 남편이 귀가할 시간만 기다리던 나는 저녁상을 차려주자마자 밥상머리 앞에 앉아 하루 동안 있었던 일을 미주알고주알 털어놓기 시작했다. 그날도 그렇게 한참 이야기 중이었는데 갑자기 남편이 "대체 나보고 어떻게 하라는 거야?"라고 심한 짜증이 섞인 목소리를 내뱉었다. 깜짝 놀란 나는 억울한 마음에 "나는 말도 못해요? 하루 종일 말도 통하지 않는 어린애랑 이야기하는 기분이 어떤지 알아요? 당신은 밖에서 대화가 되는 어른들과 이야기하지만 나는 얘기할 사람이 당신밖에 없다고요!"라며 눈물을 흘렸다.

아이가 버거운 엄마 엄마가 필요한 아이

그런데 알고 보니 오해가 있었다. 그동안 내가 남편에게 들려준 이야기들이 "오늘은 아이가 낮잠을 자지 않아 종일 밥을 제대로 먹지 못했다" "오늘은 아이가 계속 우는 바람에 안고 서 있느라 팔이 너무 아프다" "사람들은 온종일 어린애랑 있으면 심심하겠다고 하는데 나는 하루가 어떻게 가는지 모를 만큼 할 일이 많고 바빠 정신이 없었다" 등 육아의 힘듦을 하소연하는 듯한 말을 하고 있었던 것이다.

매일 그런 말을 듣던 남편은 자신이 도와줄 수도 없는 상황에서 일어나는 일들을 끊임없이 얘기하는 나를 보며 '그래서 어떻게 하라고!'란 생각이 들었다고 한다. 하지만 처음 그 말을 들었을 땐 참 당황스러웠다. 힘든 내 상황을 해결해달라고 얘기한 것이 아니라 그저 '내 말을 듣고 공감해줘'가 전부였기 때문이다. 어떻게 해달라는 것이 아니라 '종일 집에서 수고했구나' 하고 나의 노고를 알아주길, 인정해주길 바라는 마음이 전부였기 때문이다(인정을 바랐다는 걸 그땐 알아차리지도 못했다). 그저 들어주고 공감만 해주면 되는데 남편은 내 이야기를 들을 때마다 나의 하소연(?)을 자신이 해결해주어야 한다고 생각한 것이다.

그 다툼이 있고 난 후부터 나는 "들어주기만 하면 돼요"라고 말을 한 뒤 이야기를 시작했다. 그런 방식의 말하기가 처음에는 정말 어색하고 불편했지만 내 욕구를 정확하게 표현한 뒤로는 더 이상 그런 문제로 다투지 않았고 나 역시 새로운 말하기 방식에 익숙해져 갔다.

술을 마시고 늦게 귀가하는 남편에게 왜 이렇게 늦게 오냐고 볼멘소리로 말하기보다 "나는 당신이 퇴근해서 돌아오기만 기다렸는데 늦게까지 술을 마시고 들어오니까 너무 속상해. 다음부터는 시간 약속을 지켜주고, 그게 힘들면 기다리지 않게 미리 연락해줘"라며 내 욕구를 정확하게 전달해보자. 그러면 상대도 나의 말을 공격이나 비난으로 받아들여 감정 상하는 일이 줄어들 것이다.

④ 상대를 내가 바라는 방향으로 바꾸려 하지 않기

많은 사람들이 가깝고 소중한 사람에게 잔소리 같은 훈계를 한다. "너를 위해서, 네가 잘되길 바라는 마음으로 하는 말이야"라며. 하지만 상대가 조언을 구해오지 않는 이상 그 모든 말들은 참견이나 잔소리가 될 가능성이 크다. 하물며 내가 원하는 방향으로 상대를 바꾸고자 한다면 갈등은 더 커질 수밖에 없다.

세 번이나 사업에 실패하고도 여전히 약속 시간을 중요하게 여기지 않고, 세 번의 실패에서도 배운 것이 없어 보이던 남편을 보면서 정말 속상하고 한편으로는 안타까웠다. 그래서 지켜보다가 한 번씩 이야기를 꺼내 보았는데 남편에겐 그 모든 말이 통제로 들렸나보다. "자꾸 나한테 이래라저래라 하지마! 그렇게 하고 싶으면 당신이나 해!"라고 화를 냈다. 그런 말을 들을 때마다 통제할 의도가 전혀 없다고 생각했기에 억울했지만 가만히 내 마음을 들여다보니 나는 남편의 행동이 바뀌길 바라고 있었다. '그렇게 행동하지 말고 이렇게 행동해봐'라고 말이다. 통제가 맞았다. 그렇게 남편의 말은 틀리지 않았지만 통제하지 말라는 남편의 말은 내 안의 불씨를 건드려 화가 올라왔고, 그렇게 언성을 높이고 싸우다가 어느 순간 인정하게 되었다. 이 세상에서 내가 바꿀 수 있는 사람은 '나 자신'밖에 없다는 것을 말이다. 오직 내가 변함으로써 변화되는 나를 통해 상대가 바뀌는 것만이 가능하다는 것을 깨달았다.

어느 누구도 "하지마!" "그냥 하라니까" "왜 그랬어, 뭐가 문제야?"라는 식의 말에 기분 좋을 리 없다. 잘못을 저지른 사람일지라도 말이다. 관계의 핵심은 문제해결이 아닌 감정의 소통에 있다. '저 사람은 지금 어떤 마음일까? 저런 말과 행동 아래에는 어떤 감정이 있는 걸까?' 가깝고 소중한 사람일수록 상대가 어떻게 느끼는지 알고 공감해줄 수 있다면 사랑하고 살기에도 모자란 시간을 싸우며 낭비하는 일은 줄어들 것이다. 그러기 위해서는 내 마음에 먼저 공감할 줄 알아야 한다. 상처받은 내면아이와의 대면은 그것을 가능하게 해주는 작업이고, 해결의 열쇠는 언제나 상대가 아닌 내가 쥐고 있다.

외나무다리에서 만난
두 마리 염소

풀을 뜯어 먹던 염소 앞에 통나무로 된 외나무다리가 나타났다.

"저쪽 건너편에 가면 더 맛있는 풀이 있을 거야."

염소는 외나무다리를 건너기 시작했다.

마침 맞은편에서도 염소 한 마리가 외나무다리로 걸어오고 있었다.

"저쪽 건너 편에 가면 더 많은 풀이 있을 거야."

두 마리 염소는 외나무다리 한가운데서 마주쳤다.

"내가 먼저 왔으니까 저리 비켜!"

"무슨 소리야? 먼저 건너기 시작한 건 바로 나라고!"

두 마리 염소는 서로 뿔을 맞대며 힘껏 싸웠다.

순간 통나무가 흔들렸다.

중심을 잡지 못한 두 염소는 결국 냇가에 풍덩 빠지고 말았다.

생각 더하기

부부 관계 역시 이와 같지 않을까? 실랑이의 끝이 문제해결이 아님을 안다면 '대화가 안 돼'라고 할 게 아니라 다른 방법을 시도해야 하지 않을까?

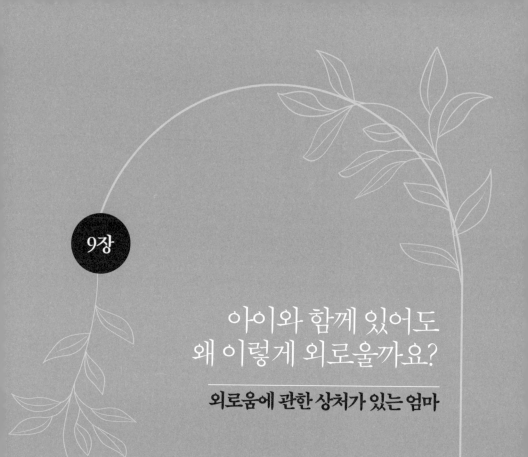

9장

아이와 함께 있어도
왜 이렇게 외로울까요?

외로움에 관한 상처가 있는 엄마

가장 끔찍한 빈곤은 외로움,
그리고 사랑받지 못한다는 느낌이다.

_ 마더 테레사(Mother Teresa)

맞아요.
가끔씩 내가 지금 무엇을 위해 여기 있는지
모르겠다는 생각이 들어요.
외로워요, 나도 사랑받고 싶어요.
나는 그렇다 쳐도
아이도 나처럼 외로울까봐 그게 정말 걱정돼요.

아이가 버거운 엄마 엄마가 필요한 아이

🍃 아이의 친구 관계가 걱정되는 엄마

외로운 엄마들이 많다. 남편이 있어도, 아이가 있어도, 부모와 형제, 친구가 있어도 한 번씩 가슴에 휘몰아치는 서늘한 바람을 느끼며 외롭다고 생각하는 사람들이 참 많다. 앞서 이야기한 사례의 모든 사람들 마음에 '외로운 아이'가 살고 있다. 2장에서 소개한 버스정류장에서 엄마를 기다리던 분의 가슴에도, 3장에서 엄마가 시킨 방 청소를 혼자서 감당해야 했던 분의 심장에도, 5장에서 8시간이나 울고 나서야 새 신발을 가질 수 있었던 분의 마음에도 말이다.

내 안에도 외로운 아이가 있다. 법 없이도 살 사람이라고 소문이 자자했던 엄마에게 맞았다고 하면 "네가 잘못해서 그렇겠지"라며 모두가 외면할 것 같아서 그 누구에게도 내 마음을 전하지 못한 채 외로워하던 아이가 있다. 그 아이는 학교에 가서 종일 벙어리처럼 말 없이 혼자 있었고, 달님이 유일한 친구라며 밤마다 어두운 마당으로 나가 달을 보고 말을 건넸다.

어린 시절에 돌봄받지 못했던 외로운 아이는 자신의 외로움을 누군가 알아봐주길 바라며 한 번씩 현실 세계로 고개를 내민다. 억누른 과거를 만나지 않으면 채워지지 않기에 계속해서 기회를 엿보다가 일상으로 파고든다. 이 사실을 모르면 지금 눈앞의 사람이 나를 외롭게 한다며 상대를 탓하게 되는데, 아무리 상대를 원망해봐도 내 안의 외로움은 사라지지 않는다.

외로운 엄마는 아이를 학교(유치원)에 보내고 난 뒤 자주 불안해하고 과민한 반응을 보이거나 관련된 일에 있어서 사고의 회로가 멈춘다. 다음에 소개하는 두 사례 역시 그런 경우다.

● 유치원에 다니는 여섯 살 아이를 키우고 있습니다. 아침에 "유치원에 가자" 하고 깨웠더니 울면서 일어나 "유치원 가기 싫어" "친구들이 나랑 안 놀아줘"라고 하더라고요. 유치원에서 무슨 일이 있었는지, 아이가 왜 이런 말을 하는지 선생님과 상담하고 나서 이 일은 잘 마무리했습니다. 그런데 그날 이후 제가 자꾸 하원한 아이를 붙잡고 "오늘은 누구랑 놀았어? 뭐 하고 놀았어? 누구랑은 어땠어? 친구들과 사이좋게 지냈니?" 하고 묻게 되더라고요. 제가 캐묻는다고 느꼈는지 아이는 "몰라! 싫어! 묻지마!" 하고 화를 내더니 이제는 친구 문제뿐 아니라 아예 아무것도 묻지 못하게 하는데 어떻게 해야 할까요?

○ 아이의 친구 문제에 좀 예민하게 반응하신 것은 알고 계신가요?

● 네. 그런 것 같아요.

○ 혹시 성장하는 동안 친구 문제로 갈등을 겪은 적이 있나요?

● 초등학교 때 이사하면서 전학 간 학교에서 왕따를 당했습니다. 학군이 좀 더 좋은 곳으로 가게 되었는데, 그곳 아이들이 저를 '촌년'이라

아이가 버거운 엄마 엄마가 필요한 아이

고 부르더라고요. 그때 트라우마가 생겼는지 중고등학교에 올라가서는 어떻게든 친구들 곁에 붙어 있으려고 애를 많이 썼습니다. 너무 힘들었어요.

○ 상처를 대면해볼 용기가 있으시다면 그 당시 상황을 상상해보세요. 낯선 곳이라 긴장도 되고 다들 서로 친해 보이는데 나만 혼자인 것 같고, 빨리 친구를 사귀고 싶은데 오히려 '촌년'이라고 놀림을 당합니다. 그때 마음을 다시 한 번 느껴보세요. 준비가 되셨다면 촌년이라고 불렀던 가장 대표적인 아이의 얼굴을 떠올리며 그때 하지 못했던 말을 쏟아내보세요.

● "야! 내가 왜 촌년이야? 왜 내가 촌년이냐고! 너는 잘났어? 너는 네가 멋진 줄 알아? 뭐 눈엔 뭐만 보인다더니 딱 네가 그래! 내가 촌년이면 너는 뭐야? 어디서 사람을 놀리고 있어? 내가 너 때문에 매일 화장실에서 얼마나 울었는지 알아? 너 때문에 새 학교에 적응도 못하고 얼마나 힘들었는지 아냐고! 이 나쁜 년아! 당장 사과해! 너 때문에 힘들었던 거 생각하면 아직도 치가 떨려. 당장 사과해! 나한테 손이 발이 되도록 빌라고! 어서!"

○ 그 애가 뭐래요? 그 아이가 뭐라고 하는 것 같아요?

● 장난이었대요.

○ 더 대면해볼게요. "장난? 그게 장난이었다고? 장난으로 던진 돌에 개구리가 맞아 죽는 거 몰라? 나도 너한테 그런 장난 한번 쳐 봐? 사람 표정 보면 몰라? 딱 봐도 힘들어하고 있는 거 네 눈엔 안 보여?"

하고 더 따져보세요.

- "장난? 넌 장난이란 뜻도 몰라? 어떻게 그게 장난이야? 내가 너 때문에 밤에 잠을 못 잤는데… 학교 가면 또 만나야 하니까, 자고 일어나면 또 학교에 가야 하니까 아침이 되는 게 얼마나 싫었는데… 잠들기가 얼마나 무서웠는데… 그게 장난이라고? 이 나쁜 년아! 넌 진짜 못된 년이야! 넌 진짜 사회악이야! 사과해! 당장 무릎 꿇고 엎드려서 나한테 사과해!"

- 어때요? 사과하나요?

- 네, 잘못했대요. 미안하대요. 그땐 너무 어려서 잘 몰랐대요.

- 그 말을 듣고 마음이 어떠세요? 용서해주고 싶은 마음이 드시나요?

- 오랫동안 사과받고 싶었는데 이렇게라도 받으니 마음이 좀 풀어지는 것 같네요. 그런데 아까 작가님이 "힘들어하는 거 안 보여?" 하면서 더 따지라고 하셨잖아요. 순간 그때 상황이 더 자세히 기억났는데 저는 웃었어요. 그 상황이 너무 어색하고 어떻게 행동해야 할지 몰라서 웃어버렸어요. 생각해보면 저는 아주 어릴 때도 그랬던 것 같아요. 어색한 상황이 되면 실없는 농담을 하고 바보처럼 웃었어요. 그래서 아이들이 더 놀렸던 것 같아요.

- 그러셨구나. 상대가 날 놀리고 조롱하면 단호하게 그러지 말라며 내 경계를 지켜야 하는데 그 상황이 너무 당황스럽고 어찌해야 할지 몰라서 웃어버렸군요. 하지만 '내가 웃었기 때문에 상대가 더 심한 장난을 친 게 아닐까' 하고 과도하게 내 잘못으로 가져가지는 않았

으면 합니다. 그건 지나친 죄책감이고 내 행동과 상관없이 그 아이의 행동은 옳지 않으니까요. 어린 시절 이야기를 조금만 더 해봤으면 합니다. 어려서부터 어색한 상황에서 웃었다고 하셨는데 떠오르는 구체적인 기억이 있나요?

● 엄마 아빠가 자주 싸우셨어요. 거의 아빠가 일방적으로 화를 냈고, 엄마는 풀이 죽어 있었어요. 늘 힘이 없으셨죠. 저라도 엄마를 웃게 하고 싶었고, 기쁘게 해드리고 싶었어요.

○ 그래서 엄마를 기쁘게 해드렸나요?

● 아니요. 얘기하다 보니 생각나는 일이 하나 더 있는데, 엄마는 그럴 수밖에 없었다고, 날 사랑하지 않은 게 아니라 상황이 힘들어서 어쩔 수 없던 거라고 생각하면서도 가끔씩 떠오를 때마다 슬퍼지는 기억이 있어요. 아버지가 장남이라 집은 늘 친척들로 붐볐습니다. 엄마는 항상 친척들을 대접할 음식을 준비하고 집 안을 청소하느라 종종걸음으로 바쁘게 움직이셨어요. 표정은 늘 어두웠지요. 그날도 정신없이 손님을 치른 뒤에 정리를 다 끝낸 엄마가 누워서 잠시 쉬고 있었어요. 엄마 곁에 다가가 심심하다고 놀아달라고 했는데 엄마가 "저리 가! 귀찮게 하지 말고 저리 가!" 하면서 파리 쫓듯이 손사래를 치며 저를 쫓아냈어요.

○ 정말 속상하셨을 것 같아요. 어쩌 보면 하루 종일 엄마를 기다린 거잖아요. 바쁜 엄마에게 말 걸기는 어려우니까 엄마가 혼자 있는 시간, 쉬는 시간을 기다렸다가 엄마와 눈을 마주치고, 이야기를 나누

고, 함께 있고 싶어서 놀아달라고 말한 건데 당황스럽게도 거부당했으니 마음이 진짜 아프셨을 것 같습니다. 그래서 엄마에게 쫓겨나 어디로 가셨어요?

● 제 방으로 들어가 혼자 울었습니다. 울다가 지쳐 잠든 적이 정말 많았어요.

○ 어린 시절에 많이 외로우셨겠네요?

● 네, 늘 외로웠어요.

○ "엄마, 나 외로워. 나 좀 봐줘. 하루 종일 엄마를 기다렸단 말이야" 하고 그때 당시에 엄마에게 하지 못한 말을 해볼 수 있을까요?

● 네, 해볼게요. "엄마, 나 외로워! 나 좀 봐줘! 언제까지 기다려야 해? 기다리기 너무 힘들어. 나 엄마랑 놀고 싶어. 동생은 봐주면서 왜 나는 안 돼? 나도 기다렸는데, 나도 울고 있는데 왜 동생은 되고 나는 안 되는 거야? 왜 나는 신경 안 써? 나만 외톨이 같아. 우리 집에서는 아무도 날 신경 안 써. 그래도 엄마는 날 봐줘야지! 날 보고 웃어줘야지! 나 좀 사랑해주지. 나 좀 따뜻하게 봐주지. 내가 얼마나 외로웠는지 알아? 나, 정말 외로워(펑펑 운다)."

○ 어린 시절에 외롭게 자라온 어머님은 성장 과정에서 왕따까지 경험했습니다. 그 아픔을 누구보다 잘 알고 있기에 혹여 내 아이도 나처럼 아플까봐 아이의 친구 문제에 예민해질 수밖에 없습니다. 하지만 아이 입장에서는 갑자기 달라진 엄마의 분위기가 불편하기만 합니다. 유치원에서 있었던 일을 꼬치꼬치 캐묻고 있으니까요. 엄마는

아이가 버거운 엄마 엄마가 필요한 아이

최대한 티 내지 않으려고 노력하겠지만 자신도 모르는 사이에 눈빛과 표정, 말투와 사용하는 어휘를 통해 걱정과 두려움의 에너지를 쏟아내고, 아이는 본능적으로 이러한 상황을 피하고 싶습니다. 이럴 땐 아이의 의견을 존중하여 당분간 어떤 질문도 하지 말고, 아이의 마음 안에 차오르는 부담감이 잦아들도록 기다리는 것이 좋습니다. 만약 아이의 친구 관계가 정말 걱정되고 궁금하다면 질문에 거부 반응을 보이는 아이보다 아이의 유치원 선생님께 물어보는 것이 훨씬 더 좋습니다.

● 초등학교 1학년 아이를 키우고 있습니다. 입학하고 2주쯤 지났을 때 어떤 아이 때문에 저희 아이가 힘들다는 말을 하더라고요. 물건을 빌린 뒤에 잘 돌려주지 않고, 장난이라면서 신발을 숨기거나 신발주머니를 빼앗아 도망가고, 발을 걸어 넘어뜨리려고 한 적도 있다면서요. 하굣길에 마주친 그 아이에게 사이좋게 지내라는 말도 해보고, 상담 기간에 담임선생님께도 말씀을 드렸습니다. 그런데 그때뿐이고 점점 더 심한 행동을 하여 며칠 전에는 그 아이가 공을 던져서 저희 아이의 머리에 맞았다고 하더라고요. 이젠 저도 화가 나는데 이걸 어떻게 해결해야 할지 잘 모르겠습니다.

○ 그 아이가 갈수록 더 심한 행동을 한다는 걸 담임선생님도 알고 계

신가요?

- 그 아이 문제로 담임선생님께 3월에 두 번이나 말씀을 드렸는데 또 말을 꺼내기가 조심스럽더라고요. 말해봐야 소용없을 것 같기도 하고요.

○ 그러니까 그 아이의 행동이 점점 더 심해져서 발을 걸어 넘어뜨리려고 하고, 공을 던져서 머리에 맞히기도 한다는 걸 담임선생님께 말씀드리지 못했다는 거죠? 왜요? 그 이유가 궁금합니다. 오히려 처음에는 '아이가 잘 몰라서 그럴 수 있다, 관심을 표현하는 방식이 서툰 아이구나' 하면서 다르게 이해할 여지가 있지만 이제는 '폭력적'인 상황이 일어나기 시작했는데 왜 선생님께 말씀드리지 못했나요? 정말 말해봐야 소용없다고 생각하시는 건가요? 아니면 다른 이유가 더 있을까요?

- 담임선생님께 말씀드리면 싫은 소리를 또 해야 하는 부담이 있고, 강하게 제 주장을 어필하는 것도 어렵게 느껴집니다. 내 아이만 생각하는 유별난 엄마가 되는 것 같고, 괜히 제가 잘못 말해서 상황이 더 나빠질까봐 걱정도 됩니다.

○ 그럴 수 있습니다. 조금만 더 깊은 이야기를 나눠볼까요? 유별난 엄마라고 오해를 받으면 어떻게 되지요? 또 선생님께 싫은 소리를 하고, 강하게 어필하면 어떻게 되나요?

- 저희 아이에게 불이익이 갈 것 같아요.

○ 네, 그 마음 이해합니다. 하지만 불이익이 올까봐 아무런 행동을 취

하지 않고 가만히 있는 지금이 오히려 그 아이로 인해 내 아이가 불이익을 겪고 있다는 생각은 들지 않나요?

● 아, 제가 담임선생님 입장만 생각한 것 같습니다.

○ 이와 같이 상처(내면아이)는 우리의 시야를 좁히고, 오히려 문제를 더 끌어당기기도 합니다. 이해되실까요?

● 제 상처가 뭔지는 잘 모르겠지만 저는 이 문제를 해결하지 못할까봐 걱정됩니다. 아이가 '엄마한테 말해도 소용없네'라고 생각할까봐 그게 너무 두렵고 싫습니다.

○ 중요한 말씀을 해주셨습니다. 아이가 '엄마에게 말해봐야 아무 소용없다'는 걸 알게 되는 것이 왜 그렇게 두려우세요?

● 저는 아이를 지켜주고 싶습니다. 엄마에게 말해봐야 소용없다고 느끼면 그 후로 저에게 힘든 일이 있어도 말하지 않을까봐, 제가 아이를 놓치고 아이가 저를 떠나갈까봐, 아이에게 아무런 도움도 못되는 엄마가 될까봐 너무 걱정됩니다.

○ 아이를 지켜준다는 건 아이의 문제를 부모가 해결해준다는 뜻이 아닙니다. 부모는 아이가 자라면서 겪게 되는 많은 문제로부터 스스로 배우고 깨달으며 자신의 답을 찾아갈 수 있도록 기회를 주어야 합니다. 이것은 아이 혼자서 문제를 해결하도록 내버려두는 것과는 다릅니다. 대부분은 속상해하는 아이의 감정을 공감하고 위로하며 곁에서 굳건히 지지해주는 것으로 충분합니다. 그렇게 따스한 응원과 함께 지켜보다가 아이가 도움을 요청해올 때, 그때 적극적으로 나서

서 도와주면 됩니다.

아이가 어떤 감정이나 문제를 호소해오면 많은 부모들이 '해결책'에 초점을 둔 나머지 정작 더 중요한 '마음'은 공감해주지 못하고 넘어가곤 하는데, 이때 아이는 문제가 해결되는 것과는 상관없이 외로움을 느끼게 됩니다. 아이의 마음은 외면한 셈이니까요. 또 아이의 문제를 부모가 계속 해결해주다 보면 아이는 '엄마 아빠가 없으면 나는 아무것도 못 해'라는 낮은 자아상을 형성하게 됩니다. 따라서 언제나 충분한 공감이 우선이고 부모는 아이를 믿고 지켜봐주어야 합니다. 그렇게 부모에게 자신의 감정을 이해받은 아이는 사랑과 지지라는 에너지를 얻어 자신의 문제를 스스로 해결할 수 있는 힘을 가지게 됩니다.

때론 부모에 따라 과도하게 "이건 네 문제니까 네 스스로 해결해야지"라며 아이를 심리적인 벼랑 끝으로 내모는 경우가 있는데 이 역시 옳지 않습니다. 이것은 사람마다 풀어가야 할 방향이 다르기 때문에 좀 더 깊이 들어가도 괜찮다면 제 질문에 떠오르는 걸 바로 대답해주세요. 누가 본인을 지켜주지 못했나요? 도움 받고 싶었지만 받지 못하고 외로웠던 순간, 말해봐야 소용없다고 느낀 적이 언제였나요?

● 초등학교에 다닐 때 친구가 저를 괴롭혔는데 엄마가 도와주지 않았어요.

○ 좋습니다. 눈을 감고 그때의 상황으로 되돌아가볼게요. 친정엄마의

얼굴이 보이시나요? 그때 당시에 엄마에게 하지 못한 말은 무엇이었나요? 그 말을 지금 여기서 해보세요.

● "엄마, (울기 시작한다) 쟤가 날 때렸어. 그러니까 큰소리로 혼내줘! 그 엄마를 찾아가서 당신 아들 때문에 내 딸이 힘들다고, 애 똑바로 키우라고 말해줘! 엄마는 딸이 맞고 왔는데 왜 말을 못 해? 내가 힘들다는데, 그 아이가 날 때렸다는데 왜 웃으면서 말해? 화를 내란 말이야! 엄마는 이 상황에서 웃음이 나와? 걔한테 웃어주고 싶어? 선생님한테도 말해! 엄마 입장만 생각하지 말고, 딸이 힘든 것만 보라고! 나만 보라고! 엄마 딸이 힘드니까 짝꿍을 바꿔달라고 선생님께 가서 당당하게 말하란 말이야! 엄마, 나빠! 엄마는 나쁜 엄마야. 엄마는 늘 나보다 다른 사람이 더 중요해. 날 지켜주지 못하는 엄마는 나도 필요 없어(충분히 운다)!"

○ 그때 하지 못한 말을 해보셨는데, 그 말을 들은 친정엄마의 반응은 어떤 것 같나요?

● 엄마가 이제서야 제 마음을 안 것 같아요. 제가 뭘 원하는지 엄마도 그때는 잘 몰랐던 게 아닐까 생각합니다.

○ 좋습니다. 방금 대면해본 어린 시절의 친정엄마의 모습과 지금의 내 모습이 닮아 있다는 생각이 드시나요?

● 네, 똑같아요. 엄마는 사람들에게 늘 웃어주는 착하고 좋은 사람이었어요. 하지만 저에게는 기댈 수 없는 엄마였어요. 다른 사람에게 혹시라도 폐를 끼칠까봐, 좋은 게 좋은 거라고 긁어 부스럼 낼 필요

없다고 늘 혼자 속상해하고 참기만 했어요. 엄마가 참으니까 저도 참는 게 맞는 줄 알고 살았는데, 그러다 보니 저도 제 목소리를 내는 게 참 어려워요. 지금도요.

○ 그렇게 대물림되는 것이죠. 엄마가 다른 사람을 과도하게 신경 쓰면서 자신을 지키지 못했듯이 그런 뒷모습을 보면서 자란 나 역시 닮고 싶지 않은 엄마의 모습을 닮았고, 어느 순간 내 아이 또한 그 결을 이어가고 있음을 깨닫게 되지요. 타인을 챙기고 배려하지 말라는 것이 아니라 '나를 지키는 힘'과 '타인에 대한 배려' 사이에서 균형을 맞출 줄 알아야 한다는 뜻입니다.

● 네, 균형이 정말 중요한 것 같습니다.

○ 아마도 어머님은 일상의 크고 작은 일에서 나보다는 상대를 더 배려하고 챙기는 듯한 엄마, 내 편이 아닌 것 같은 엄마를 수없이 경험하며 자랐을 거예요. "그렇게 하면 친구가 섭섭하잖아" "우리 집에 놀러왔으니까 네가 양보해야지" "친구 생각도 물어봐야지" 등 언뜻 들으면 당연한 배려처럼 들리지만 늘 나보다 상대를 먼저 챙기는 느낌이어서 '엄마는 나보다 친구가 더 소중한가? 나를 사랑하기는 하는 걸까?' 의심이 들기도 했을 거예요.

● 맞습니다. 엄마가 한번은 제가 어릴 때 "엄마, 나 사랑해?"라고 엄청 물어봤는데 제 아이도 똑같다며 어쩌면 이런 것까지 닮았냐고 하시더라고요.

○ 네, 거기다가 친구에게 맞았을 때조차도 보호받지 못했다고 느꼈으

니 자라면서 점점 힘들 때나 속상할 때 엄마에게 터놓고 얘기하기보다는 '어차피 말해봐야 엄마는 날 도와주지 못해'라는 생각으로 마음을 조금씩 닫았을 겁니다. 그냥 가벼운 이야기만 주고받는다고 할까요? 하지만 마음 한편엔 서운하고 속상한 감정이 남아 있고, '내 아이에겐 절대 그러지 말아야지'라는 생각을 하게 되셨을 거예요.

● 네, 맞습니다. 정확히 그래요.

○ 한 가지만 더 얘기해보고 싶은데, 앞서 이야기를 나눌 때 아이가 떠나갈까봐 두려워하는 마음이 있으셨잖아요? 보통 그러한 마음 아래에는 '외로운 내면아이'가 있는 경우가 많은데 평소에 외롭다는 생각을 종종 하지 않으세요?

● 네, 외롭습니다. 아이가 어릴 땐 덜했는데 점점 외롭고 혼자라는 생각이 많이 들어요. 밖에서 저를 보는 사람들은 "네가 무슨 걱정이 있냐? 남편이 힘들게 하는 것도 아니고, 시댁이나 친정에서 힘들게 하는 것도 아니고 넌 정말 팔자 좋은 거야"라고 많이들 얘기하는데 그건 제 마음을 잘 몰라서 그래요. 저도 힘든데 조금이라도 속상하다고 얘기하면 배부른 소리처럼 듣더라고요. 그래서 더 말할 수 없었고 '세상에 나 혼자다' '너무 외롭다' 그런 생각이 종종 들어요.

○ 그러시군요. 그런데 이 외로움은 성인이 되고 나서 경험하게 된 감정이 아닙니다. 아마 어린 시절부터 외로우셨을 거예요. 그렇지 않나요?

● 맞아요. 항상 저와 세상 사이에는 유리벽 하나가 놓여 있는 것 같아

요. 유리로 된 통 속에서 나 혼자 들어와 살고 있다는 느낌이 종종 듭니다. 그 안에서 세상과 분리되어 혼자 우울한 채 아무것도 못하고 종일 TV만 봐요. 그런 제가 못마땅하지만 어쩔 수가 없어요.

○ 아마도 그 유리벽은 어린 시절 세상으로부터 본인을 지켜준 공간이었을 거예요. 가족 또는 주변에서 받은 상처가 커서, 한없이 외로워서, 내 슬픔이 감당되지 않아서 그 안으로 숨어버렸을 거예요. 감당하기엔 너무 어렸고 방법을 잘 몰라서 스스로를 그곳에서 보호했어요. 하지만 그런 방어기제는 더 이상 사용할 수 없습니다. 이제는 어른이 되었고, 보호자로서 지켜야 할 아이와 또 내가 만든 가족이 있으니까요. 그러니 그 유리벽을 깨고 나와야 합니다. 할 수 있을까요?

● 네, 해보고 싶어요.

○ 그럼 같이 대면해볼게요. 유리벽 속에 웅크리고 앉아 있는 자신의 모습을 상상해보세요. 그리고 제 말을 따라 해보세요. 그러다가 하고 싶은 말이 떠오르면 마음껏 표현해주세요. "나가고 싶어. 여긴 너무 답답해. 나 좀 꺼내줘! 여기서 나가고 싶어."

● 못 나갈 것 같아요. 유리벽이 너무 두꺼워요. 방탄유리 같아요. 제가 이곳에서 아무리 소리쳐도 밖에서는 들리지 않을 것 같아요. 그냥 여기 있을래요. 여기가 편해요. 여기 있으면 적어도 나쁜 일은 안 생기잖아요. 여기 있으면 덜 슬프잖아요.

○ 그런가요? 거기 있으면 편하고 덜 슬픈가요? 아이는요? 엄마로서 그렇게 도와주고 싶고, 지켜주고 싶은 내 아이는요? 그 아이는 지금

아이가 버거운 엄마 엄마가 필요한 아이

어디에 있나요?

● 아, 어쩌죠? 아이가 유리벽 안으로 들어오고 싶어 해요. 엄마가 보고 싶대요. 엄마랑 같이 있고 싶대요. 하지만 안 돼요! 여긴 정말 답답해요. 답답해서 숨이 막히는 곳이에요. 엄청 쓸쓸하고 무서운 곳이에요. 아이가 여기 들어오는 건 싫어요. 나갈래요. 제가 나갈 거예요 (펑펑 운다).

○ 좋습니다. 나갈 거라고 소리치세요. 더 이상 외롭게 살지 않을 거라고, 도망치지 않을 거라고 소리치세요. 커다란 목소리로 유리벽을 깨부수고 나오세요.

● "나갈 거야! 더 이상 이곳에서 답답하게 살지 않을 거야. 나 혼자 외로워하면서 살지 않을 거야. 도망치지 않을 거야. 내 아이를 지킬 거야. 조금만 기다려. 엄마가 나갈 거니까 조금만 기다려. 나가서 온 세상 사람들과 함께 살아갈 거야! 이제는 다르게 살 거야! 외롭게 살지 않을 거야!" 나왔어요! 유리벽이 부서졌어요!

○ 잘하셨습니다. 조금만 더 내면의 상처와 대면해볼게요. 어릴 때 외롭고 무섭다고 느꼈던 기억이 있나요?

● 엄마 아빠가 자주 싸웠어요. 아빠가 술만 마시면 폭군으로 변해서 무섭게 소리치고, 물건을 던지기도 하고 정말 무서웠어요. 엄마가 방으로 들어가라고 해서 혼자 들어왔는데 방에서도 엄마 아빠 싸우는 소리가 다 들렸어요.

○ 좋습니다. 방문을 열고 나와서 아빠에게 소리치세요. 당장 그만하라

고요.

● 작가님, 이건 제가 집에 가서 혼자 있을 때 해보겠습니다. 많이 울고, 많이 소리칠 것 같아요. 어떻게 해야 할지 알게 되어서 다행입니다. 정말 감사합니다.

처음 이분은 학교에 간 아이가 친구 때문에 힘들어하는데 어떻게 해야 할지 모르겠다고 질문해왔습니다. 하지만 그러한 고민 기저에는 엄마의 도움을 받지 못해 상처받은 내면아이가 있었고, 더 깊은 곳에는 외로운 아이가 있었습니다. 중요한 것은 외로운 아이는 너무 외로워서 누군가와 연결되고 싶은 마음이 있지만 외로움이 기본 정서이기 때문에 자신도 모르게 사람을 밀어내고 외로움을 택한다는 것입니다. 연결되고 싶은 마음에 누군가를 찾고, 때로는 관계에 집착도 하지만 상대가 그것을 버거워하거나 조금만 서운한 모습을 보여도 혼자 있고 싶은 마음이 올라와 자신이 먼저 관계로부터 도망을 칩니다. 연어가 자신이 태어난 곳으로 되돌아가듯 외로움으로 회귀하는 것이죠.

이것은 육아에서도 마찬가지입니다. 아이가 좋고 사랑스러우면서도 혼자 있기를 바라는 내면아이가 계속해서 고개를 듭니다. 이때 '나는 모성이 없나봐' '모성이 부족한가봐' 하고 자신을 탓해서는 안 됩니다. 이것은 나도 모르는 사이에 어쩔 수 없이 일어나는 생각과 감정이고, 외로운 내면아이가 기본적으로 누군가와 같이 있는 것을

아이가 버거운 엄마 엄마가 필요한 아이

불편해하고 어색해하는 것이기 때문입니다. 하지만 우리는 책임을 져야 하는 어른이자 부모로서 회피는 올바른 해결책이 아니기에 현명한 거리두기를 한 후 다시 아이 곁으로 다가가야 합니다.

🌿 내 안에 외로운 내면아이가 있다면

외로운 내면아이를 갖게 되는 것은 헤아릴 수 없는 밤하늘의 별들만큼 수많은 사연이 있다. 가게를 하느라 온종일 손님을 상대하던 부모님이 미처 아이를 돌보지 못했을 경우, 경제적인 문제 혹은 부모님의 관계 문제로 어린 시절을 양가 할머니 할아버지 댁에서 보낸 경우, 부모님이 아파서 보살핌을 받지 못했거나 잠시 떨어져 지낸 경우, 부모님이 자주 싸우는 바람에 가정에 무거운 공기가 흘렀던 경우, 부모님이 바빠서 함께하는 시간이 적었던 경우 등 다양한 이유로 사람들은 외로운 아이를 가슴에 품고 산다.

부모님을 이해하지만 그렇다고 해서 내가 상처받지 않은 것은 아니며, 그렇기에 적어도 나는 이 외로움에 대한 상처와 아픔을 알아주어야 한다. 그래야 마음의 응어리가 풀리고 나를 이해한 만큼 타인도 수용하며 함께 행복하게 살아갈 수 있다. 하지만 응어리진 상처를 풀어내기까지는 시간이 필요하다. 그동안 내 곁에 있는 아이와 어떻게 하면 잘 지낼 수 있을까?

① 나의 감정 분리하기

자녀가 어린이집이나 유치원 같은 기관 생활을 시작하면서 아이의 또래 관계나 사회성에 민감해지는 분들이 많다. 대부분 외로운 내면아이를 가지고 있는 경우다. 학창 시절 왕따를 경험했다면 더욱 그렇다. 이런 경우 앞서 소개한 사례처럼 아이에게 "친구들이 나랑 안 놀아줘"라는 말을 듣자마자 심장이 '쿵' 하고 내려앉는다.

외로운 내면아이를 가진 부모는 자녀가 친구들 앞에서 자기주장을 하지 못한 채 꿀 먹은 벙어리가 되거나, 이유를 설명하지 않고 눈물만 흘리거나, 친구에게 맞았거나, 쉬는 시간에 혼자 있다는 말을 듣는 순간 온갖 걱정과 두려움에 휩싸인다. 답답한 마음에 배우자에게 얘기를 해봐도 "그럴 수도 있지"라고 대수롭지 않은 반응을 보이면 어쩜 이렇게 무심하냐고, 요즘은 우리 때와 다르다며 크게 흥분하다가 부부싸움을 하기도 한다. 이때 빨리 아이 문제를 나의 감정과 분리시켜야 한다. 현재 아이의 상황이 내 불안만큼 나쁘지 않을 수 있고, 내가 과도하게 반응하고 있음을 아는 것만으로도 2차 갈등 없이 눈앞의 상황에 잘 대처할 수 있다. 따라서 현재 북받치는 감정은 외로운 내면아이의 반응임을 알아차리는 것이 가장 먼저 할 일이다.

눈치 보지 말고 내 욕구 표현하기

외로운 내면아이를 가지고 있는 사람들의 특징 중 하나는 타인의 눈

아이가 버거운 엄마 엄마가 필요한 아이

치를 많이 본다는 것이다. 문제는 그러다 보면 어느새 나는 사라지고 타인의 의견만 남게 되는데, 그 대가를 내 아이도 치른다는 것을 알아야 한다. 아이는 부모의 뒷모습을 보고 자라고, 부모가 남의 시선을 살피는 것에 급급하다 보면 자신도 모르는 사이에 내 아이의 욕구와 감정도 막아버리기 때문이다. 그러므로 남의 눈치를 많이 보고 있다면 그런 내 모습을 빨리 알아차리고 의식적으로라도 내 생각과 감정, 욕구를 겉으로 표현해야 한다.

나의 상처 알아차리기

외로운 내면아이의 뿌리는 어린 시절에 있다. 어린아이가 외로워한다는 것은 부모로부터 당연히 받았어야 하는 정서적인 돌봄을 받지 못했다는 뜻이다. 이것을 심리학에서는 정서적인 유기, 즉 버림받은 경험이 있다고 표현한다. 비벌리 엔젤에 따르면 아이를 벌주려는 마음에 아이에게 말을 하지 않거나 아이가 숙제할 때, 어떤 결정을 내릴 때, 문제를 털어놓으려 할 때 등 아이의 도움 요청을 계속해서 미룰 경우 아이는 부모가 자신을 사랑하지 않고 거부한다는 느낌을 받는다고 한다. 이것이 버림받은 내면아이의 상처를 만들고 이렇게 성장한 부모는 자신도 모르게 자녀를 거부하게 되는데, 아이를 밀어내고 싶은 마음이 올라올 때면 재빨리 이러한 나의 상처가 올라오고 있음을 알아차려야 한다.

② 아무도 날 사랑하지 않는다는 생각 버리기

남편이나 아이와 한 번씩 갈등을 빚을 때면 아무도 날 사랑하지 않는다는 생각에 휩싸여 서럽거나 울분이 차오르거나 반대로 무기력해지는 사람들이 있다. 나 역시 그랬다. 아이들이 아직 어리니까, 내가 없으면 살아가기 힘드니까 "엄마, 엄마" 따르는 거지 진심으로 날 사랑하지는 않는다고 생각한 적이 있다. 그 서러움이 목구멍까지 차오르던 어느 날 참지 못하고 둘째 아이에게 이러한 마음을 표현했는데 그때 아이에게서 돌아온 대답에 큰 감동을 받았고, 그 후 아이들의 사랑을 온전히 믿을 수 있었다.

"우리가 아주아주 돈이 많고, 거기다가 정말 친절하게 잘 보살펴주는 좋은 집에 가서 살게 되더라도 만약 엄마를 볼 수 없게 된다면 우리는 늘 우울할 거야."

아무도 날 사랑하지 않는다는 생각은 상처받은 사람이 가지는 인지왜곡일 뿐이다. 외로운 내면아이를 가진 사람은 외로움이 싫으면서도 외로움에 익숙해져 자신을 자꾸 외로움 속으로 밀어 넣는다. 하지만 내 생각과 믿음은 진실이 아닐 경우가 많다는 사실을 알아야 한다. 외로워지려는 나를 빨리 알아차리고 그 생각과 감정을 끊기 위해 노력해보자.

③ 조금씩 아이의 손을 놓는 연습하기

외로운 내면아이를 가지고 있는 사람들 중에는 겉에서 봤을 때 육아를 잘하는 사람이 꽤 많다. 아이와 하나가 되어 나의 외로움을 잊고 아이에게 지극정성을 쏟는다. 그러다 보니 아이가 잘 자라고 그 보람을 맛보았기에 더욱 아이 곁을 떠나지 못하고 주위를 맴돌게 된다. 하지만 '나'를 잃어버린 대가는 소중한 내 아이 역시 자신을 잃게 만든다. 외로운 엄마가 걱정되어 차마 엄마 곁을 떠나지 못한 채 넓은 세상으로 나아갈 기회를 놓치는 것이다. 그렇게 엄마 곁에 머물면서 엄마가 필요로 하는 '같이 있고 싶은 욕구'를 채워준다.

이때 무능한 내면아이를 함께 가진 엄마라면 아이는 유능하고 싶은 엄마의 욕구를 채워주기 위해 자신도 모르게 무능한 아이 역할을 맡는다. 집안일을 하지 못하거나, 건강하지 않거나, 경제적으로 부족하거나, 사회생활에 필요한 능력을 갖추지 못하는 모습으로 엄마에게 의존하며 엄마의 유능함을 비춰주려고 한다. 하지만 이것은 자신을 죽이는 행동이기에 그 안에는 분노가 있다. 그러므로 아이가 커가는 모습이 뿌듯하면서도 이 순간이 멈추길 바란다면 내 안의 외로움이 아이를 놓기 싫어한다는 사실을 알아차리고 아이의 손을 서서히 놓는 연습을 해야 한다. 육아의 최종 목표는 결국 '독립'에 있으니까 말이다.

④ 현명한 거리두기

내 안의 외로움이 미칠 듯이 아이를 밀어내고 거부할 때가 있다. 이때 억지로 아이 곁에 붙어 있다 보면 내 감정과 욕구를 억누른 만큼 그 대가를 아이에게 바라거나, 참았던 만큼 아이나 배우자에게 분노를 터트릴 수 있다. 그렇게 상대와 나를 아프게 하기보다는 차라리 현명한 거리두기를 하는 편이 낫다. 주변에 도움을 요청하여 잠시 혼자만의 시간을 가지는 것도 좋고, 아이와 같이 TV나 영상물을 보면서 함께 있되 완전히 밀어내는 것은 아닌 상황을 만들어보자. 내 경우 아이들과 예능프로그램을 참 많이 보았는데 그걸 보며 함께 웃다 보면 다시 또 무언가를 해볼 에너지가 조금씩 생겨나곤 했다.

⑤ 셀프 위로와 '자기 사랑' 하기

이 세상에 외로움을 느끼지 않는 사람은 없다. 대부분의 사람들 마음속에 외로운 내면아이가 있기 때문이다. 이럴 땐 타인이나 다른 도구(술, 담배 등)에 의지해 내 안의 외로움을 채우려고 하기보다는 나의 외로움을 내가 알아주고 토닥여주는 것이 도움이 된다. 가령 이런 식으로 말이다.

'외로웠지? 같이 있고 싶었어? 그 마음을 입 밖으로 전하는 것이 부끄러워서 말하지 않아도 알아주길 바랐던 거야? 그래, 그럴 수 있

아이가 버거운 엄마 엄마가 필요한 아이

어. 이리 와, 내가 안아줄게. 외로울 땐 언제라도 말해. 이렇게 또 안
아줄게. 알겠지?' '또 외로운 내가 올라왔구나. 많이 외로웠지? 그래,
그래, 나는 알지. 너의 외로움을… 네가 얼마나 외로웠는지 나는 알
지. 괜찮아. 다 좋아질 거야. 정말이야, 다 괜찮아질 거야' '아이를 밀
어내고 싶은 욕구가 또 올라왔구나. 네 잘못이 아니야. 너도 많이 외
로워서 그런 거잖아. 그러니까 네 잘못이라고 생각하지마. 속상하
지? 네 마음 알아. 세상 사람들 아무도 몰라도 나는 네 마음을 알아.
조금만 괴로워하고 다시 아이에게 가보자. 지금은 좀 쉬어. 지금은
너부터 챙겨야 돼. 토닥, 토닥, 토닥.'

이외에도 평소에 자신을 사랑하고 챙기는 연습을 조금씩 해보자.
'자기 사랑'에 대해서는 다음 장에서 좀 더 깊이 이야기하고자 한다.

배고픈 세 마리의 개

여행을 떠난 세 마리의 개 검둥이, 누렁이, 점박이가 이틀째 굶고 있었다. 너무 배가 고파 걷기도 힘들어지자 물이라도 마셔서 배를 채우려고 했다.

그때 마침 냇가가 보였다.

세 마리의 개는 허겁지겁 물을 마시기 시작했다.

한참 물을 마시던 점박이의 눈이 커졌다.

"저기 봐. 물속에 고깃덩어리가 있어!"

"정말이네. 누가 떨어뜨렸나봐."

"잘됐다! 배고픈데 어서 꺼내 먹자!"

하지만 아무리 다리를 뻗어보아도 고깃덩어리에는 닿지 않았다.

"어떻게 해야 하지? 무슨 좋은 방법이 없을까?"

"너무 먹고 싶어!"

"아! 좋은 생각이 났어. 물속이라 발이 닿지 않으니까 저 고깃덩어리를 쉽게 꺼내 먹을 수 있게 이 냇물을 통째로 마셔버리자."

검둥이의 말에 누렁이와 점박이도 찬성하며 좋아했다.

세 마리의 개는 넙죽 엎드려서 냇물을 빨아들이기 시작했다.

"꿀꺽, 꿀꺽, 꿀꺽."

"벌컥, 벌컥, 벌컥."

세 마리의 개는 점점 배가 불러왔다.

하지만 고깃덩어리를 먹을 생각에 쉬지 않고 냇물을 마셨다.

그 순간, "뻥! 뻥! 뻥!"

세 마리의 개 모두 배가 터지고 말았다.

생각 더하기

생각의 방향이 옳지 않으면 그 결과도 좋을 리 없다.

10장

엄마가 행복해야
아이도 행복한 거죠?

스스로를 사랑해야만 하는 엄마

당신 자신부터 사랑하세요.
그럼 모든 것이 그에 따라 정렬될 거예요.
이 세상에서 뭔가를 하려면 반드시
당신 자신부터 사랑해야 합니다.
_ 루실 볼(Lucille Ball, 미국의 코미디언)

정말 그러고 싶어요.
그 방법 좀 제발 알려주세요.

아이가 버거운 엄마 엄마가 필요한 아이

🦋 위험한 사랑

'자기 사랑'은 육아에 있어서 정말 중요한 부분이다. 왜냐하면 아이는 부모의 뒷모습을 보고 자라고, 자신을 사랑하지 않는 부모의 뒷모습을 보고 자란 아이는 자신을 진정으로 사랑할 수 없기 때문이다. 이 세상에 자식을 사랑하지 않는 부모는 없겠지만 부모가 자녀를 진정으로 사랑하기 위해서는 꼭 자기 자신을 사랑해야 한다. 내가 없는 사랑은 자칫 위험한 사랑이 될 수 있고 위험한 사랑은 결국 아이에게 상처를 남긴다.

'자식을 사랑하지 않는 부모는 없다'는 말은 일반적으로 맞는 말이지만 이 말이 늘 옳은 것은 아니며 생각보다 많은 평범한 부모가 자기도 모르게 자녀에게 고통을 준다. 받지 못한 사랑을 주는 것은 어려운 일이기 때문이다.

한번은 아이가 아플 때마다 화를 내는 엄마와 대화를 나눈 적이 있다. 이분은 자신이 그런 행동을 하고 있다는 걸 자각하지 못하고 있었다. 그저 본인이 건강에 예민한 편이라서 아이의 먹는 것, 입는 것, 씻는 것, 감기 기운 등에 뾰족한 반응을 보인다는 것 정도만 알고 있었다. 아이가 아플 때마다 모든 책임을 '네가 제대로 먹지 않아서, 입지 않아서, 씻지 않아서'라며 아이에게 돌리고 있었는데, 이분과 좀 더 깊은 대화를 나눠보니 어린 시절에 아픈 엄마로부터 버려진 상처가 있었다. 어릴 때 엄마가 아파서 시골 할머니 집에서 자랐는데, 엄마가 보고 싶어서 울면 할머니는 "엄마가 다 나으면 집에 가자"라고 하셨고, 그렇게 몇 년간 엄마의 부재를 느끼며 성장했다고 한다. 그렇게 상처받은 내면아이가 식구들이 아플 때마다 건드려지면서 아픈 사람 곁에 있지 못하고 화만 내는 모습으로 반응하고 있었던 것이다. 평소에는 아이의 웬만한 투정쯤은 다 받아주다가 정작 엄마의 보살핌이 더 필요한 아픈 순간에는 매몰차게 아이를 비난하고 화를 내며 사랑을 거둬들이고 있었다.

아이에게 사랑을 주려면 내 상처를 자각하고 어린 시절에 억눌러 둔 감정을 만나야 한다. 그렇지 않으면 '너를 위한 내 마음'을 모른다며 아이를 비난하다가 결국은 그러고 있는 내 모습도 비난하면서 '나도 죄인, 너도 죄인'의 굴레를 반복하게 된다. 굳이 표현해보자면 이것은 아픈 사랑이지 진정한 사랑은 아니다. 진정한 사랑의 출발은 '자신을 사랑하는 것'이다. 받지 못한 사랑은 줄 수 없다. 하지만 누군가 "저희 부모님은 시골에서 정말 가난하게 자라서 어린 시절에 자장면 한 그릇도 드셔 본 적이 없지만 저희 형제자매들에겐 일 년에 꼭 한 번씩 자장면을 사주셨어요. 그런데도 받지 못한 건 줄 수 없다고 할 수 있나요?"라고 반문할지 모른다.

맞는 말이다. 부모님은 자신이 어린 시절에 먹어보지 못한 자장면을 일 년에 한 번씩 자식들에게 사주며, 즉 받지 못한 사랑을 자식들에게 주었다. 따라서 받지 못한 사랑을 줄 수 있고, 바로 이 부분을 두고 '모든 부모는 자식을 사랑한다'는 사회적인 통념이 존재한다고

아이가 버거운 엄마 엄마가 필요한 아이

말할 수 있는 것이다. 하지만 잘 생각해보면 여기엔 또 다른 이야기가 있다. 자장면을 먹어본 아이가 너무 맛있어서 그 자리에서 한 그릇을 다 먹고 또 먹고 싶다거나, 다음 날 또 사달라고 하거나, 다른 메뉴도 먹어보고 싶다고 할 때 대부분의 부모는 그것을 허용하지 못한다는 것이다. 자신이 허용할 수 있는 범위를 넘어가는 것을 견디지 못한다. 마음속에서 '널 위해 이렇게까지 해주는데 고맙다고는 못할 망정 더 해달라고?'라는 마음이 앞서 일 년에 자장면 한 그릇은 가능하지만, 큰맘 먹고 두 그릇은 가능할지 몰라도 세 그릇은 어렵게 느껴지는 것이다. 부모도 그러한 사랑은 받아보지 못했기 때문이다. 가만히 되짚어보면 여기서 우리는 받았던 것을 상대에게 쉽게 준다는 것을 알게 된다. 따라서 과거에 부모로부터 받지 못한 것이 있다면 지금이라도 스스로를 챙기며 사랑해주어야 한다.

나에 대한 사랑을 가득 채워라

'자기 사랑'이 뭘까? 앞서 1장의 '나에 대한 믿음은 어디에서 왔을까'에서 소개한 체크리스트의 질문들이 바로 '자기 사랑'에 관한 내용이라고 할 수 있다. 질문들 중에서 '나는 부족하다, 게으르다, 너무 뚱뚱하거나 말라서 볼품이 없다, 완벽주의 기질이 있다, 새로운 일을 시작하려고 할 때마다 걱정되거나 두렵다, 내가 누구인지 모르겠다,

대표를 뽑기 위한 투표를 할 때 내 이름을 적지 못한다, 내가 하는 일은 남들도 할 수 있다고 생각한다, 사람들은 나를 모른다, 시간이 없다' 등의 항목에 표시한 개수가 많을수록 자기를 사랑하기보다는 부정하고 있는 소위 자존감이 낮은 사람이다.

또한 '자기 사랑'이란 말을 듣고 바로 떠오르는 생각이 '자기 사랑'의 척도다. 자기밖에 모르는 이기적인 느낌이 들고, 그렇게 살다가 들키면 욕먹을 것 같거나 부끄럽고, 나를 사랑해야 하는 건 알지만 방법을 모르겠다는 생각들이 '자기 사랑'에 대한 나의 현주소다.

사랑한다는 건 사랑하는 대상을 위해 돈과 시간, 에너지를 쓰는 것이다. 자신에게 이런 기회를 주지 않는 것은 자신을 사랑하지 않는 것이다. 이를 쉽게 확인해볼 수 있는 방법은 내 아이의 생일을 위해 내가 쓸 수 있는 돈과 시간, 에너지의 양과 옆집 아이의 생일을 위해 내가 쓸 수 있는 돈과 시간, 에너지의 양을 비교해보면 된다.

우리는 마음이 가는 사람, 더 사랑하는 존재에게 내가 가지고 있는 모든 것을 주고 싶고, 아무리 주어도 아깝지 않다고 생각한다. 사랑하지만 무언가를 줄 때 아깝다는 생각이 들면 그것을 줄 만큼 사랑하지 않는다는 뜻이고, 그의 존재는 내게 그럴만한 가치가 없다는 뜻이다. 즉 나를 위해 무언가를 할 수 없다는 것은 내 가치가 그만큼 부족하다는 의미다. 게다가 내가 주었던 만큼 상대에게 받지 못해 화가 난다면 이는 사랑해서 준 것이 아니라 받고 싶어서 준 것이다. 내 안에 결핍이 있기에 받고 싶은 것이다. 따라서 아이에게 사랑을 주려

아이가 버거운 엄마 엄마가 필요한 아이

면 나를 향한 사랑도 채워야 한다.

'자기 사랑'은 나를 아는 것에서부터 출발한다. 하지만 억눌린 감정이 많을수록 나의 진짜 모습을 잃어가기에 내가 무엇을 좋아하고, 무엇을 즐기며, 무엇을 할 때 행복해하는지 모르는 경우가 많다.

🌿 어떤 경우에도 자신을 비난하지 않기

강연장에 오신 분들에게 "여러분은 언제 행복하세요?"라는 질문을 하면 "아이가 환하게 웃으며 사랑한다고 말할 때" "남편의 연봉이 올랐을 때" "친구가 뜻하지 않은 선물을 주었을 때" "아이가 무언가를 성취했을 때" "예쁘다는 칭찬을 받았을 때" 등과 같은 대답을 하는 경우가 많다. 전부 공감되는 얘기지만 이 대답들은 모두 나의 행복이 타인에 의해 결정된다는 뜻이기도 하다. 타인이 나를 행복하게 해주지 않으면 나는 행복할 수 없는 것이다. 이렇게 삶의 주도권이 나에게 없으면 결국은 상대에게 초점이 맞춰지고 나를 잃어버리게 된다. 그러므로 스스로 행복할 줄 알아야 하고, '자기 사랑'을 실천할 줄 알아야 한다.

'자신을 사랑하자'라고 하면 어디서부터 어떻게 해야 하는지 어려워하는 사람들이 많다. 늘 나보다 주변을 먼저 챙기다 보니 어느 순간부터 나 자신을 사랑하는 것이 낯설게 느껴지는 것이다. 어쩌면 태어나서 지금까지 단 한 번도 '스스로를 사랑하라'는 메시지를 경험하지 못한 것일 수도 있다. 나 역시 그랬다. 여러 매체를 통해 접하기는 했지만 늘 해야 하는 일에 치여서 나를 챙기는 일은 중요하게 생각되지 않았다. 어쩌면 내 무의식은 여전히 '나 따위는 중요하지 않다'라는 생각이 뿌리 깊게 박혀 있었는지도 모른다. 그런데 어느 날 문득 이제는 정말 '나를 사랑해주어야겠다'는 결심이 가슴으로 내려왔다.

그 무렵 나는 한국과 중국에서의 강연 일정, 세 아이의 육아와 집안일, 여러 워크숍 등으로 정신없이 바쁜 날들을 보내고 있었다. 그러다 보니 〈놀이 워크숍〉을 진행하기로 한 모 기관에서 필요한 재료들을 미리 알려달라고 했는데 약속한 날짜를 그만 놓치고 말았다. 〈놀이 워크숍〉이 한 번으로 끝나는 것이 아니었기 때문에 프로그램별로 필요한 준비물을 하나도 빠뜨려서는 안 되는 상황이었다. 하지만 당시 한 달에 쉬는 날이 이틀 정도밖에 되지 않은데다가 그 이틀마저도 서류 작업들을 몰아서 해야 했다. 당연히 기한 내에 약속을 지키는 것이 정말 어려웠는데 이것은 내 입장이지 상대의 입장은 아니므로 나는 무리해서라도 이 일을 완벽하게 해내야 했다.

그때부터였다. 머릿속에서 온갖 비난의 말들을 나에게 쏟아내기 시작했다. '야, 정신 차려. 너, 정말 미쳤구나? 네가 지금 정신이 있는 거니, 없는 거니? 머리는 폼으로 달고 다녀? 생각이란 게 있는 거야, 없는 거야? 너는 그래서 안 돼. 약속했으면 어떻게든 목숨 걸고 지켜야 할 거 아니야! 네가 지금 이럴 때야? 정신 안 차릴래? 너 진짜 답

아이가 버거운 엄마 엄마가 필요한 아이

답하다! 널 보니까 속이 터진다, 터져! 진짜 그따위로 일할 거야?' 당장 코앞에 닥친 일들을 처리하면서 준비물 목록을 챙기고자 애쓰던 이틀의 시간 동안 일 하나를 처리하고 나면 돌아서자마자 나를 욕하고, '아직도 못 끝냈어? 넌 욕먹어도 싸!'라며 지치지도 않고 욕을 쏟아내다가 갑자기 '화들짝' 놀라고 말았다. 순간 날 선 비난을 쏟아붓고 있는 내 모습이 보였기 때문이다.

살면서 누구에게도 그런 심한 말을 해본 적이 없었다. 타인에게는 사소한 말 한마디도 상처가 될까봐 늘 조심조심하던 내가 나에게는 아무렇지도 않게 욕을 퍼붓고 있었다. 아무에게도 들려준 적이 없는 무시무시한 비난의 말들을 당연하다는 듯이 들려주고 있었다. 나는 나를 그렇게 하찮게 여겨왔던 것이다. 정신이 번쩍 든 나는 그날부터 나를 진심으로 사랑해야겠다고 다짐했다. 이제는 말이나 생각만으로 외치는 '자기 사랑'이 아니라 진심으로 나를 아껴주고 챙겨주어야겠다고 마음먹었다.

그냥 나를 사랑해주면 된다. 나를 사랑하는 사람이라고 생각하고 사랑해주면 된다. 사랑하는 사람에게 정성스레 차린 밥을 먹이고픈 마음, 한 끼라도 배고프지 않게 챙기는 마음, 이왕이면 좋은 음식, 멋진 풍경, 좋은 것을 사주고 싶은 마음과 실천이 모두 '자기 사랑'이다. 오늘 하루 내 기분이 어떤지 물어봐주고, 작은 성취라도 있다면 축하해주고, 조그마한 실수는 '그래도 괜찮다'라고 위로해주며 물질과 정신적인 면을 모두 챙겨주면 된다. 상처받은 내면아이를 들여다

보는 것이 나의 잠재의식 속에 뿌리박힌 부정적인 '무의식'을 털어내는 방법이라면 좋아하는 무언가를 채워주는 방법은 '의식'적인 치유 방법이다.

'무의식은 운명'이라고 했던 칼 융의 말처럼 우리의 삶을 긍정적으로 변화시키려면 무의식의 묵은 때를 씻어내는 것이 중요하다. 하지만 무의식의 정화가 삶의 목적은 아니기에 실존적인 자기 사랑 또한 꼭 필요하다. 빛과 그림자, 하늘과 땅, 물과 불, 남과 여, 식물과 동물처럼 우리가 살아가는 데는 이 두 가지가 모두 있어야 한다. 따라서 나 스스로에게 내가 좋아하고, 즐거워하고, 하고 싶고, 갖고 싶은 것이 무엇인지 계속해서 물어보고 챙겨주자. 이것이 곧 '실존적인 자기 사랑'이다.

달리는 기차에서 노래를 부르며 알게 된 것

'자기 사랑'을 실천하면서 나 자신에게 참 많은 질문을 던졌다. '너, 뭐 하고 싶어?' '뭐 먹고 싶어?' '가고 싶은 곳 있니?' '네가 바라는 것, 할 수 있는 일이라면 내가 다 해줄게. 망설이지 말고 일단 말해봐.' 처음엔 나의 욕구를 들여다보고, 존중하고, 실천하는 것이 참 어려웠다. 이전까지 가지고 있던 양보하고 참던 습관들이 관성처럼 나를 잡아당겨 멈칫하게 만들었다. '돈 아까워. 그 돈 모아서 주말에 아

아이가 버거운 엄마 엄마가 필요한 아이

이들에게 맛있는 거 사주면 엄청 좋아할 텐데' '아이, 부끄러워. 사람들이 이상하게 생각할 거야. 이 나이에 내가 이걸 할 수 있을까?' 늘 해야 하는 이유보다 하지 말아야 할 이유들이 자동으로 떠올랐다. '아유, 모르겠다. 하고 싶으면 그냥 해보는 거야. 언제까지 사람들 눈치 보고 살 거야? 그래, 그냥 하자!' 그렇게 나의 욕구에 아주 조금씩 초점을 맞추기 시작했다. 그러다가 어느 날 달리는 기차에서 노래를 부르게 되었다.

안동으로 강연을 하러 가기 위해 청량리역에서 기차를 탔는데 타고 가다 보니 기차 안에 노래방 시설이 갖추어져 있는 것이 아닌가. 도착지까지 걸리는 시간이 꽤 긴 편인데 아픈 허리를 생각하니 지정된 좌석에 붙박이처럼 계속 앉아 있는 것이 망설여지던 참이었다. 노래를 부르기 위해 이 칸에서 저 칸으로 왔다 갔다 하면 시간도 잘 가고, 허리에 무리도 덜 갈 것 같고, 마이크를 잡고 노래를 부르는 동안 스트레스도 풀리고… 모든 상황과 나의 욕구가 기차 안에 있는 노래방을 이용하라고 손짓했다. 하지만 왠지 방음이 잘되지 않을 것 같고, 강연도 하기 전에 목이 쉬어버리면 어쩌나 싶은 마음에 결국은 또 참자는 결론을 내리고 그냥 안동에 도착했다.

그런데 집으로 돌아오는 기차 안에서 다시 한 번 도전해보고 싶은 마음이 들었다. 셀 수 없는 망설임 끝에 드디어 만 원을 내고 한 시간 동안 노래를 불렀다. 정말 오랜만에 노래방 기계로 원 없이 노래를 부른 것이다. 몇 곡의 노래를 부르다가 갑자기 한 곡에 꽂혀 그 노래만 일곱 번쯤 부르기도 했다. 왕년엔 노래 좀 했는데 몇 년간 노래방에 가지 않았더니 실력이 영 줄어 있었다. 특히 고음이 나오지 않았다. 하지만 그러거나 말거나 목청껏 부르고 또 불렀다. 그렇게 마지막 곡을 부른 뒤 노래 끝에 나오는 후주가 다 끝나기 전에 노래방 문을 열고 나왔는데 순간 얼굴이 확 달아올랐다. 노래방 부스가 있는 열차 칸에 들어설 때만 해도 다른 손님이 없어서 방음 같은 건 전혀 신경 쓰지 않고 노래할 용기를 냈던 거였다. 그렇게 노래를 부르다가 어떤 곡에서는 감성이 폭발하여 울먹이며 부르기도 하고 아예 훌쩍대기도 했다. 그랬는데 문을 열고 나오자마자 열차 칸을 꽉 메우고 있던 수많은 사람을 보는 순간 형언할 수 없는 창피함이 나를 관통했다. 그 수치심이란!

그런데 정말 신기했던 것은 그 수치심이 나를 통과하고 난 뒤 정말 가벼워진 느낌이 들었다는 것이다. 상쾌한 공기가 내 안을 가득 채우고, 자유로이 날아갈 것 같은 기분이 들었다. 결국 나를 사랑하는 일은 내 안의 수치심을 날려 보내며 나의 성장을 돕는 일이고, 그렇게 성장하게 되면 자연스럽게 나를 더 사랑하게 된다는 것을 알게 되었다. 그러니 나에게 물어보자. 내가 원하는 것을 할 수 있게 허락해주자. 그러면서 회피하고 싶고, 낯 뜨겁고 부끄러운 모든 감정을 오롯이 느껴보자. 그 두려움을 통과하면 이전과는 다른 내가 된다.

✦ 하던 일을 하지 않고, 하지 않던 일을 해보기

'성장이란 하던 일을 하지 않고, 하지 않던 일은 하는 것'이란 말이 있다. 지금까지 살아온 나의 생활방식을 한 단계 업그레이드하려면 아무래도 하던 일을 멈추고, 하지 않던 일을 함으로써 관성에서 벗어나 새로운 시각으로 접근할 때 비로소 발전이 가능할 것이다.

TV나 스마트폰에 중독된 사람은 다른 일을 하면서 즐겁게 시간을 보내는 경험을, 술로 시름을 달래던 사람은 운동이나 다른 활동을 통해 스트레스를 해소하는 경험을, 자신을 위해 돈을 써보지 못한 사람은 자신이 좋아하는 무언가를 사서 스스로에게 선물하는 경험을 시도해야 한다. 물론 반대로 돈을 쓰면서 나의 존재를 드러내고, 기분 전환 삼아 쇼핑을 했던 사람이라면 이제는 나의 감정을 풀고 정리할 수 있는 다른 방법을 찾아야 한다. '자기 사랑'도 마찬가지다. 물질적 또는 정신적으로 내 삶에 행복과 힐링을 전해줄 수 있는 해보지 않았던 아주 작은 경험부터 실천해보는 것이 좋다.

나 또한 정말 많은 시도를 했다. 나를 위해 쇼핑하기, 오직 나를 위한 요리 만들기, 먹고 싶은 음식 먹어보기, 평소에 가고 싶었던 곳 가보기, 하고 싶었던 말 해보기, 생각 없이 내뱉었던 부정적인 말 꾹 참아보기 등 참 많은 것을 해보았다. 그 과정에서 전혀 예상치 못했던 상황들과 다양한 감정을 만났고, 나의 의식과 무의식에 무엇이 있는지 뜨겁게 깨달을 수 있었다. 그러면서 착함으로 포장되어 있던 내 안에 타인에 대한 질투와 미움, 억울함과 분노, 경멸과 인정받고 싶은 강렬한 욕구가 공존하고 있다는 걸 알고 통합해가다 보니 타인에게도 한결 여유롭고 너그러워지게 되었다. 내가 좋은 것을 가져도 되는 사람임을 알고 나니 타인에게도 바라지 않고 줄 수 있게 되었다.

"오직 실행을 통해서만 치료가 가능하다"는 내면아이 치료 전문가 존 브래드쇼(John Bradshaw)의 말처럼 실천을 통해서 깨닫고 느껴야 한다. 머리로 아는 것과 몸으로 아는 것에는 정말 큰 차이가 있기 때문이다.

만화방이 내게 가르쳐준 것

나를 격려해주고 싶던 어느 날 '안정아, 오늘도 수고했으니까 내가 선물을 줄게. 말해봐, 하고 싶은 거 있어?' 하고 자문해보았다. 그랬더니 내 안에서 만화방에 가고 싶다는 목소리가 들려왔다. 학창 시절에도 몇 번 가보지 않은 만화방을 나이 마흔이 넘어서 왜 가고 싶었는지 모르겠지만 '무엇을 하고 싶냐'는 질문을 할 때마다 계속 만화방에 가고 싶은 마음이 올라왔다. '이게 대체 무슨 일이지?' 싶었지만 내 마음을 한번 따라가보기로 했다.

강연을 마치고 일찍 귀가하는 날을 디데이로 잡은 나는 그날이 되어 만화방에 입성하고자 발길을 옮겼다. 세 아이와 함께 간 적은 있지만 그건 보호자 차원에서 따라갔던 것이고, 오직 나를 위해 내 발로 만화방에 간 것은 고등학생 때 이후로 그날이 처음이었다. 그 차이가 뭐라고 그렇게도 떨리던지!

밝은 대낮에 중년의 여성이 젊은 아이들이나 가는 만화방에 그렇게 혼자 찾아간 것이다. 이용 요금을 계산하고, 만화방 사용 규칙을 듣는데 왜 그렇게 얼굴이 화끈거리던지 정신이 하나도 없었다. '날 뭐라고 생각할까? 나이 먹고 대낮에 이런 곳을 찾은 나를 얼마나 한심하게 생각할까?' 겉으로는 아무렇지 않은 척하려고 했지만 타인의 시선이 의식되어 아무 만화책이나 골라 황급히 1인실로 들어갔다. 정말 별의별 생각이 다 들었다. 내 시간을 쓰고, 내 돈을 쓰고, 내 체력을 써가면서 나는 지금 무엇을 하고 있는지, 지금에라도 당장 이곳을 나가는 것이 맞는지 수없이 나에게 질문하며 그래도 용기 내어 왔으니 일단 있어 보자며 만화방에 머물렀다.

그러다가 순식간에 여고 시절로 되돌아갔다. 만화 내용과 함께 내 안에서 느껴지는 설렘과 두근거림이 정말 좋았다. 하지만 만화를 들여다보다가 나도 모르게 미소가 지어지면 중년의 내가 순식간에 튀어나왔다. 누군가 내 미소를 보고 "어휴, 나이 들어서 주책이야"라고 할까봐 표정을 감추다가 또 만화책을 보며 히죽히죽 웃다가 난리도 아니었다.

겨우겨우 날뛰는 감정을 추스르며 몰입하여 만화책을 읽었는데 워낙 책을 느리게 읽는지라 두 권밖에 읽지 못하고 나와야 했다. 아이들의 하교 시간이 다가온 것이다. 12시 시계 종이 울리면 집으로 돌아가야 하는 신데렐라처럼 아쉬운 마음도 있었지만 그날 내가 이렇게나 주변을 의식하는 사람임을 온몸으로 확인하는 귀한 경험을 했다고 생각하니 내심 뿌듯하기도 했다.

그렇게 한참 시간이 지난 어느 날 또다시 만화방에 가고 싶어졌다. 어이가 없었지만 내 마음이 시키는 일이니 다시 한 번 시도해 보기로 마음먹었다. 내심 '지난번에 두 권만 읽고 나온 것이 아쉬웠나?'라는 생각이 들면서 다시 만화방을 찾았다. 확실히 두 번째는 첫 번째 경험보다 덜 긴장되었고, 덜 눈치가 보였고, 더 자연스럽게 행동할 수 있었다. 그날은 다섯 시간을 머물다 집으로 돌아왔다.

그리고 얼마 후 또 만화방에 가고 싶다는 내면의 목소리가 들려왔다. 정말 어처구니가 없었다. 도대체 만화방에 꿀단지를 숨겨둔 것도 아니고 학창 시절부터 만화책을 아주 좋아한 것도 아닌데 도대체 나는 왜 자꾸 만화방을 떠올리는지 나조차 내 마음을 이해할 수 없었다. 하지만 '내가 자꾸 가고 싶은 데는 뭔가 이유가 있겠지?' 싶은 마음에 이번에는 정말 질리도록 오래 머물다가 오자는 생각으로 다시 만화방에 다녀왔다.

그날 밤, 집에 돌아와 샤워를 하면서 나에게 질문했다. '왜 그렇게 만화방에 가고 싶었니? 도대체 이유가 없잖아. 만화방이 그렇게 좋아? 만화책이 그렇게 좋아?' 그렇게 자문하고 있는데 갑자기 '빵' 하고 눈물이 터져버렸다. 나의 의식은 전혀 자각하지 못했지만 내 무의

아이가 버거운 엄마 엄마가 필요한 아이

식은 정확히 알고 있는 기억, 내 몸이 그렇게 만화방을 가라고 시켰던 이유를 찾은 것이다. 나에게 만화방은 곧 '엄마의 사랑'이었다. 과거에 나는 만화방과 만화책에서 엄마의 사랑을 강하게 느꼈던 적이 있고, 그 사랑을 다시 한 번 느끼고 싶었던 것이다.

고등학교 시절, 시험이 끝나고 친구들과 함께 만화방에 가기로 약속한 적이 있다. 그런데 만화방에 도착해보니 그날은 만화책을 빌릴 수만 있다고 했다. 고민 끝에 만화책을 대여하기로 했는데 읽을 곳이 마땅치 않았다. 어쩔 수 없이 서로의 집에 전화를 걸어 엄마의 허락을 받기로 했는데 친구의 어머니들은 만화방에 갔다고 화를 내고 잔소리를 퍼부으셨다. 그런데 나의 엄마만 만화책을 빌려와도 좋다고 흔쾌히 허락해준 것이다. 심지어 집에 도착해보니 과자랑 음료수도 먹으면서 보라고 간식까지 사놓고 기다리고 있었다. 정말 너무 좋았다.

늘 야단치고, 무섭게 노려보고, 화를 내던 엄마였는데 천사처럼 웃으며 나와 친구들을 챙겨주는 모습이 무한한 감동이었고 그런 엄마가 무척 자랑스러웠다. 그날의 엄마는 내게 온전한 '사랑'이었다.

내 무의식은 그걸 알고 끝없이 나에게 '사랑'을 느끼라는 신호를 보내준 것이었다. 사춘기를 지나고 있는 세 아이의 힘든 육아와, 끝없이 이어지는 집안일과, 가정경제에 대한 부담감과, 내 마음을 전혀 몰라주는 남편을 향한 섭섭함과, 그 와중에 나의 내면아이를 들여다보며 허우적거리고 있던 상처 많은 나에게… 지금 너에게 필요한 것은 '사랑'임을 알려주고 있었던 것이다.

사랑에 빠진 사자

배가 고파 마을로 내려온 사자가 한 아가씨를 보았다.

'우와!'

사자는 첫눈에 아가씨에게 반하고 말았다.

사랑에 빠진 사자는 날마다 아가씨 주변을 어슬렁거렸다.

그러다가 아가씨의 아버지인 농부와 마주쳤다.

사자가 농부에게 말했다.

"놀라지 마세요. 제가 따님을 사랑합니다. 결혼하고 싶어요."

난처했던 농부에게 좋은 생각이 떠올랐다.

"사자님, 제 딸이 사자 님의 무서운 이빨과 발톱을 보고 무서워하면 어쩌죠? 방법이 하나 있는데 이빨과 발톱을 모두 뽑고 나서 청혼하러 오십시오."

사자는 눈물을 머금고 비명을 지르며 이빨과 발톱을 모두 뽑았다.

다시 마을로 내려간 사자가 농부에게 말했다.

"모두 뽑았어요. 이제 따님과의 결혼을 허락해주세요."

"어디 봅시다."

무섭고 잔인한 사자의 이빨과 발톱이 모두 뽑힌 것을 확인한 농부는 준비한 몽둥이로 사자를 흠씬 두들겨 팼다.

"이 어리석은 사자야. 몽둥이맛이나 실컷 봐라."

생각 더하기

자신을 내던진 사랑 끝에 남는 것은 자신을 잃는 것이 아닐까?

당신의 잘못이 아니에요

정신적으로 큰 충격을 받았을 때 우리는 흔히 '트라우마'를 입었다고 표현한다. 대표적인 예로 전쟁, 사고, 자연재해, 갑작스런 가족의 죽음, 범죄 피해 등 누가 들어도 '아이고, 큰일을 겪었구나' 싶은 일을 당했을 때 이 단어를 사용한다.

하지만 트라우마에는 이런 충격적인 '쇼크 트라우마' 외에도 성장하는 과정에서 반복적으로 상처를 경험하며 얻게 되는 '발달 트라우마'가 있다. "너 때문에 못 살겠어" "너는 왜 하는 게 그 모양이니?" "저리 좀 가" "도대체 몇 번을 말해?" "생각이 있어, 없어?" 따위의 말들과 비난, 무시, 조롱하는 눈빛과 표정 등의 비언어적인 몸짓이 여기에 속한다. 엄청난 욕설과 폭력 같이 학대의 정황이 겉으로 드러나진 않지만 이런 말과 행동을 곱씹어 보면 정말 잔인한 표현이라는 걸 알 수 있다.

성장 과정에서 지속적으로 이런 환경에 노출되면 자신감이 떨어지고, 자신의 존재가 쓸모없게 여겨져 우울하고 무기력해지며, 심한 경우 대인관계 기피 및 각종 불안장애와 충동조절장애를 겪게 된다. 쇼크 트라우마처럼 충격의 강도가 큰 강렬한 체험은 아니지만 마치 맞은 곳을 맞고 또 맞아서, 상처가 아물 틈이 없어서 몸에 흔적이 남는 것처럼 발달 트라우마 역시 개인의 삶에 짙은 영향을 미친다.

그런데 잘 생각해보면 우리가 생각 없이 던지는 이런 말과 행동은 과거 우리 부모로부터 나 역시 숱하게 경험해온 것임을 알게 된다. 이것이 대물림이다. '내가 상처를 받았듯 너도 상처를 받으렴'과 같은 생각을 하는 부모는 없기에 결코 의도하지는 않았으나 위에서 아래로 이어지는 잔인한 꼬리 잇기다. 대체 이런 대물림은 왜 일어나는 것일까? 왜 우리는 가장 가까이에 있는 사랑하는 사람에게 나도 모르게 상처를 주고 이를 되풀이하는 것일까?

이것은 우리 뇌의 메커니즘과 관련이 있다. 우리 뇌는 크게 세 부분으로 나누어볼 수 있다. 숨을 쉬고, 재채기를 하고, 심장이 뛰는 등 생존 유지와 연결되어 있는 '파충류의 뇌'가 있고, 울고, 소리치고, 공포와 애정을 느끼고 표현하는 감정을 담당하는 '포유류의 뇌'가 그다음이다. 마지막으로 대뇌피질, 이성의 뇌로 불리며 언어와 학습, 추상적인 사고와 논리를 담당하는 '인간의 뇌'가 있다. 이를 좀 더 단순화해보면 생존에 꼭 필요한 '원시 뇌'와 '인간의 뇌'로 나눌 수 있다.

다시 말해 호흡, 심장박동 등 의식의 지배를 받지 않고 생명 유지를 위해 자율적으로 기능하는 부분과 살아남기 위해서 동물적인 감각과 감정으로 반응하여 생존 확률을 높이는 부위를 합쳐 '원시 뇌'라고 하고, 우리의 행동을 선택하고 결정하며 계획을 세우는 뇌를 '인간의 뇌'라고 한다.

트라우마는 원시 뇌와 관련이 있다. 육체적·정신적으로 위협이 되는 상황을 경험하면 감정에 동요를 일으켜 일상생활에 지장을 받는데, 이 영향은 사라지지 않고 우리 안에 잠들어 있다가 비슷한 상황에 놓일 때 다시 깨어난다. 한마디로 '자라 보고 놀란 가슴 솥뚜껑 보고 놀라게 되는 것'이다.

예를 들면, 혼자 산길을 걷다가 야생 곰과 마주쳤을 때 우리는 즉시 생존에 위협을 느끼고 즉각적인 반응을 보인다. 이성의 뇌를 발휘하다간 타이밍을 놓쳐 죽게 되므로 반응은 보통 전광석화와 같이 빠르다. 이 반응은 주로 세 가지로 나타나는데 맞서 싸우거나(투쟁), 도망가거나(회피), 경직 또는 기절(해리)을 일으키는 방식으로 전개된다. 따라서 어린 시절에 싸움이 잦은 환경에서 자라며 발달 트라우마를 겪었다면 지금 내 아이가 큰소리로 나를 부르거나 아이들끼리 싸울 때 나의 뇌는 즉각적인 반응을 보이게 된다. "시끄러워! 허구한 날 싸우니! 제발 좀 조용히 해!"라고 투쟁하거나, 듣기 싫어서 그 자리를 피해버리거나, 큰소리를 듣자마자 사고회로가 멈춰버리고 마치 소리가 들리지 않는 것처럼 멍한 상태가 되는 것이다. 대부분의 사람

아이가 버거운 엄마 엄마가 필요한 아이

들은 첫 번째(투쟁) 혹은 두 번째(회피) 반응을 보이는데 이것은 인류가 시작된 이후부터 살아남기 위해 주변의 위험으로부터 자신을 지키기 위해 발전시켜온 대표적인 몸의 반응이다. 따라서 고함 속에서 자란 트라우마를 가진 사람은 고함을 지르고, 돈에 대한 상처가 있는 사람은 돈으로 상처를 주며, 공부로 상처받았던 사람은 공부로 상처를 주는 아픔을 되풀이한다. 이것은 우리의 잘못이 아니다. 뇌가 그저 그렇게 작동하는 것이다.

지난 20년간 육아를 통해 많은 엄마들을 만나고 상담하면서 생각보다 꽤 많은 엄마들이 소중한 아이에게 소리를 지르고, 화를 내며, 때론 이성을 잃고 아이를 때리기도 한다는 걸 알게 되었다. 그러다가 잠든 아이의 모습을 볼 때면 깊은 죄책감으로 괴로워하고 반성하지만 며칠 못 가서 또다시 아이에게 분노를 쏟아낸다는 것을 말이다.

그런 분들을 위해 나의 경험담을 이야기하고 싶었다. 당신의 잘못이 아니라고, 당신도 어쩔 수 없었던 거라고, 그러니 자책하지 않았으면 좋겠다고 말하고 싶었다. 다만 우리는 더 이상 예전의 어린 아이가 아니라는 말도 하고 싶었다. 우리의 과거는 어쩔 수 없지만 이제 성인이 된 나는 어른답게, 부모답게 내 선택과 행동에 책임을 져야 하지 않을까? 먼저 그 길을 걸어본 사람으로서 비록 녹록하진 않겠지만 분명 보람된 일임을 확신하기에 그 여정에 당신을 초대하고 싶다.

아이에게 화내기 전 보는 책

아이가 버거운 엄마, 엄마가 필요한 아이

제1판 1쇄 발행 | 2023년 4월 20일
제1판 4쇄 발행 | 2023년 6월 28일

지은이 | 서안정
펴낸이 | 김수언
펴낸곳 | 한국경제신문 한경BP
책임편집 | 마현숙
교정교열 | 장민형
저작권 | 백상아
홍보 | 이여진 · 박도현 · 정은주
마케팅 | 김규형 · 정우연
디자인 | 지소영
본문디자인 | 디자인 현

주소 | 서울특별시 중구 청파로 463
기획출판팀 | 02-3604-590, 584
영업마케팅팀 | 02-3604-595, 562   FAX | 02-3604-599
H | http://bp.hankyung.com   E | bp@hankyung.com
F | www.facebook.com/hankyungbp
등록 | 제 2-315(1967. 5. 15)

ISBN 978-89-475-4890-8   03590